重家教 立家规
传家训 正家风

孙明奇 王运萍 ◎ 编著

好家教，匡言正行；好家规，塑造品格；好家训，修内显外；好家风，滋心养家。
读经典故事，学优秀家庭，鉴先人智慧，品精神瑰宝，创幸福之家。

出版社

图书在版编目（CIP）数据

重家教　立家规　传家训　正家风／孙明奇，
王运萍编著. --北京：人民日报出版社，2023.3
　　ISBN 978-7-5115-7656-9

Ⅰ.①重… Ⅱ.①孙… Ⅲ.①家庭道德–中
国 Ⅳ.①B823.1

中国国家版本馆CIP数据核字（2023）第001502号

书　　名：重家教　立家规　传家训　正家风
　　　　　ZHONGJIAJIAO LIJIAGUI CHUANJIAXUN ZHENGJIAFENG
作　　者：孙明奇　王运萍
出 版 人：刘华新
责任编辑：刘天一
封面设计：陈国风

出版发行：人民日报出版社
地　　址：北京金台西路2号
邮政编码：100733
发行热线：（010）65369527　65369846　65369509　65369510
邮购热线：（010）65369530　65363527
编辑热线：（010）65369844
网　　址：www.peopledailypress.com
经　　销：新华书店
印　　刷：北京柯蓝博泰印务有限公司

开　　本：170mm×240mm　　1/16
字　　数：220千字
印　　张：14
版次印次：2023年4月第1版　　2023年4月第1次印刷

书　　号：ISBN 978-7-5115-7656-9
定　　价：59.80元

何为家教?

家教是家庭教育,指的是家庭对人的影响和教育。家教是一种初始化教育,对一个人的终生都会产生非常显著而深远的影响。任何人的教育都始于家教,这从中国古人推崇"子孙贤则家道昌盛,子孙不贤则家道消败"的理念上便可见一二。因为重视子孙为家族带来的影响,所以家教的重要性也随之凸显出来。无论是"陶母教子"还是"司马迁子承父业"的故事,都是告诉人们教导子孙后代除了学习知识、掌握技能,更应注重修养和德行的提升。而家教因其"具体性、便于操作性"等特点,在对人的终生教育中占据着重要的地位。

何为家规?

家规是一个家族传下来的教导、规范后代子孙的准则。从字面来看,家规更加"具体",小到行走坐卧、吃饭睡觉,大到待人接物、遵法守礼,在家规中都有明确的规定和提示。

何为家训?

家训是一个家庭对子孙后代立身处世、持家置业的教诲。家训对个人的修身、齐家有着至关重要的作用。在中国传统文化中,家训是一个重要的组成部分,它是先辈留下的智慧结晶,在历经岁月的洗礼后,格外光彩夺目。从古至今,诸如《颜氏家训》《诫子书》《帝范》等都是备受世人推崇的优秀家训，大都传承了中华民族的优良传统，值得一读再读。

何为家风？

家风也叫"门风"，是家庭或家族世代承袭的风尚以及生活作风。简单来说，就是一个家庭中的风气。这种风气可以是家族成员的道德品质、家族气质，也可以是精神风貌和审美格调。

本书从家教、家规、家训、家风四个方面入手，选取了古今大量脍炙人口的故事，辅以深入浅出的解析，内容涉及修身之法、孝悌之道、夫妻相处、朋友之义、教子之方、勤俭持家、诚信待人、爱国敬业、谨言慎行、尊师重教等多个方面，意在大力弘扬中华优秀传统文化，希望广大读者能够从中收获修身之道，提升个人及家庭素养。

目录

第一章　怀仁怀德，修身之本

1. 怀仁义之心，行仁义之事　_2
2. 一心为公，做有担当的人　_5
3. 树君子之风，成有德之人　_8
4. 更严一尺，更深一寸　_10
5. 忠厚有德，不做违背良心的事　_14
6. 不骄不躁，不追名逐利　_16

第二章　孝亲爱老，端正其心

1. 不孝父母，奉神无益　_20
2. 为人最忌不重人伦、不守孝道　_23
3. 尊敬父母也是一种孝　_25
4. 言传身教育"孝行"　_28
5. 孝顺是爱的一种体现　_30

第三章　夫敬妇贤，以和为贵

1. 夫有夫道，家庭和睦万事兴 _ 36
2. 妻惠家旺，千金难求 _ 38
3. 婚姻素对，靖侯成规 _ 40
4. 夫妻情深，不为家世背景所累 _ 42
5. 彼此尊敬，才能长久恩爱 _ 45
6. 相伴终身，糟糠之妻不下堂 _ 48

第四章　兄友弟恭，孝悌传家

1. 手足之情深似海 _ 52
2. 同本同源，同进同退 _ 55
3. 友爱和睦，不做伤情损义之事 _ 57
4. 同根相生，心与心相连 _ 61

第五章　严守规矩，心有方圆

1. 家规不严，难树清正之风 _ 66
2. 知法、守法，不乱用权 _ 68
3. 细节方能显规矩 _ 71
4. 守规守矩是为人之本 _ 74

第六章　牢记祖训，行以致远

1. 品格高洁，君子当舍生取义 _ 80

2. 学会放下，不执着于他人的过失 _ 82

3. 及时改错，及时悔过 _ 86

4. 拒绝依赖，求人不如求己 _ 88

5. 常怀忧患之心 _ 91

第七章　修业练身，不移其志

1. 珍惜时间，一寸光阴一寸金 _ 96

2. 奋发向上，用读书改变自我 _ 99

3. 忠于职守，做好分内事 _ 102

4. 乡邻和睦，有仁厚之心 _ 105

5. 居陋室而不失其志 _ 108

第八章　教子有道，美德永传

1. 勉子树德，做一个正直宽厚的人 _ 114

2. 训子有方，一生受益 _ 117

3. 一视同仁，不护子之短 _ 120

4. 教导子女怀有"天下为公"的心量 _ 123

第九章　处世以廉，俭约自守

1. 清廉以修身，勤俭以养德 _ 128

2. 公生明，廉生威 _ 131

3. 清廉传家惠久远 _ 134

4. 子廉则父母宽心 _ 136

第十章　以诚待人，以信立身

1. 诚信者，天下之结 _ 142
2. 为人处世，待人以诚 _ 144
3. 诚实守信：外不欺人，内不欺心 _ 147
4. 以诚铸信，信守诺言 _ 151

第十一章　为国为民，竭诚尽忠

1. 立大志，心中有天下 _ 156
2. 忧国忧民，匹夫有责 _ 158
3. 精忠报国，以尽忠孝 _ 161
4. 亲贤远佞，誓做忠义之人 _ 163
5. 舍小家，报国家 _ 165

第十二章　克勤克俭，戒奢戒逸

1. 守清贫，养廉心 _ 170
2. 不起贪念，不恋钱财 _ 173
3. 居安思危，戒奢以俭 _ 176
4. 不兴土木之工，崇俭抑奢 _ 178
5. 舍华服美裳，弃金银玉饰 _ 180

第十三章　谨言慎行，谦逊温恭

1. 话不多说，避免招惹祸端　_186
2. 切勿背后道人长短　_189
3. 慎言笃行，严谨为先　_192
4. 谦虚恭顺，戒骄戒躁　_194
5. 不争不抢，心淡如水　_197

第十四章　尊师重教，择善而友

1. 与良师益友为伴　_202
2. 以有德者为师　_205
3. 拜师以严，终身受益　_207
4. 慧眼识人，远离损友　_209
5. 正心为本，交友以"真善"为先　_212

第一章
怀仁怀德，修身之本

在古代的很多家风家训中，仁德都是首要倡导的美德，更是一种道德原则。一个人怀有仁德之心，周身上下都会散发出无穷的魅力。"仁"心所向，大"德"无疆，注重仁与德的修为，会提升一个人的修养和气度。

1. 怀仁义之心，行仁义之事

国有国史，家有家风。家庭是塑造一个人人品的最佳场所。仁厚的家风是培养一个人怀有仁义之心的摇篮，可以促使一个人在不知不觉间提升做人的品格和精神境界。

《论语·雍也》中云："知者乐水，仁者乐山；知者动，仁者静；知者乐，仁者寿。"拥有一颗仁心的人，即便无才无能，甚至资质平庸，也一样会因为宽厚之心而受他人爱戴。

古往今来，把仁义弃之一旁者留下的只有背信弃义的骂名。一个人品行方正，才会行仁义之事，不会口蜜腹剑、阳奉阴违。

《钱氏家训》中云："存心不可不宽厚。"这份训诫对后世之人的教化意义深远。正所谓"仁义为友，道德为师"，一个人应该将仁爱和正义当作自己的好友，让良好的行为准则成为自己的老师。而拥有仁义、仁慈、仁厚、仁德家风的家庭，也自然会培养出秉性纯良的后人。

✳✳✳✳✳✳✳✳✳✳✳✳✳✳✳✳✳✳✳✳✳✳

张士林出身于工商家庭，在他年幼时，家族开始走向衰败，到了无人主持的地步。等他长到18岁时，张父便把家业交给了张士林。张士林很有魄力，进行了一番大刀阔斧的改革，并为张氏家族培植出"以义制利，急公好义"的家风和经商之风。

在张父的扶持下，张士林积极处理店铺问题，比如重新选用各商号掌柜，甚至自己出资替他人填补资金亏空，只为解决劳资双方的纠纷等。而在解决资金亏损问题方面，他"吃亏自任，其有力不能补者，代为偿还；有本已罄而犹甚窘者，给以资助"，这种仁义行为贯穿于他此后经商的始终。

张家先祖早年在口外经商初期，曾与介休冀家一起合伙开创了"永义商号"。民国初年，冀家北京商号因火灾受挫，致使全家的生活陷入困境，便想把股份拿出来还债。张士林顾念两家百年的友情，便与各个商号掌柜商量留股，筹集资金帮助冀家渡过难关。他的仁义之举，备受冀家赞誉，冀家后人非常感激。

张士林的仁义还体现在对员工的激励上。当时晋商独创了一种人性化的员工激励机制——顶身股制，即员工凭借自己的劳动就可以获得商号的股份。到了张士林这一代，他依然继承这一"传统"，规定凡是拥有十份顶身股的员工，只要在职就可以参与每期分红，而且不但退休后可以继续领取，即便身故，家人也可以代领三年的"故身股"。当时张家热河永泰公店的掌柜杨潇春，死后便连续三年分得故身股，而且张士林还让他的两个儿子掌管店

铺的生意，让他的孙子管理位于锦州的长春分店。

制度之外是浓浓的情义，张士林用行动完美地诠释了"仁义厚德"的祖训家风。

重家教 立家规 传家训 正家风

仁义之人总是怀有仁义之心，而后会行仁义之事。张氏家族中的仁义家风家训让张士林养成了"义不屈节传家风"的风骨，他的所作所为也对那些受惠于他的人产生了巨大影响。

一个人的家庭对其德行和秉性的养成及塑造意义非凡，而仁义、仁厚的家风更会成为一个人在社会上为人处世的风向标和导航仪。怀有仁义之心，自然有仁义之举，对待他人也会更宽容、不小气，会设身处地站在他人的立场，为他人着想。

《孟子·梁惠王上》中有"仁者无敌"一说，这里的"仁"意思是仁政。引申到普通人身上，即是怀有一颗仁义之心，在为人处世上宽宏大量，不要锱铢必较。心怀仁义也应成为当今家庭承袭的训诫。

****

山东省聊城市东昌府区东莞街道111号展览馆东侧有一处"仁义胡同"，也叫"六尺胡同"。它长约60米，宽约2米，整个胡同是由青石铺就而成，并有康熙皇帝题写的"仁义胡同"的牌匾。

关于"仁义胡同"的由来，有这样一段故事。

康熙年间，张英担任文华殿大学士兼礼部尚书。他老家府邸与吴家相邻，两户人家的院落中间有一条巷子，双方出入都要走这里。后来，吴家打算修建新房，便起了挤占这条窄巷子的念头。张家自然不同意，便与吴家理论起来。一时间，双方争执不下，把事情闹到了衙门。

县官知道张家和吴家都是有背景的家族，也不敢妄下断言。此时，张家人震怒了，便给张英写信，说明了情况，希望他能出面解决这件事。

张英看过家信后，觉得邻里之间应当一团和气，便在回信中写了一首四句诗："千里来书只为墙，让他三尺又何妨？万里长城今犹在，不见当年秦始皇。"家人看过张英的诗后，也了解了他的心意，便主动让出三尺空地。吴家见张家这么大度，也心生惭愧，同样往后退了三尺，"六尺胡同"由此而来。

****

今天，无论是张家还是吴家早已不见痕迹，然而"六尺胡同"依旧存在。他们两家人留下的故事也仍然为现代人津津乐道，原因何在？就在于这条小小的胡同象征着一种胸襟和气度，更象征着仁义。

张英的举动让张家人明白了邻里之间应该恪守的相处之道，而后张英家里人的举动也影响了邻居，于是才有了"六尺胡同"。相信自那以后，张家人和邻居都会把仁义作为家风家训中的一个重要方面，使家族成员能以宽容之心体谅他人处境，并在他人需要帮助之时施以援手。

仁义是千百年来人们在社会中安身立命之本，只有怀仁怀义的人和家族，才能在天地之间永存。

2. 一心为公，做有担当的人

蔡元培说："家庭者，人生最初学校也。"家庭是塑造一个人品质和内涵的土壤。在一个拥有良好家风家训的家庭中，家庭成员的一言一行、一举一动都会相互熏陶，继而使得每一位成员都坐得直、行得端，从而做出于人于己、于国于民都有利的事情。

重家教 立家规 传家训 正家风

良好的家风家训也会培养一个人拥有家国情怀。什么是家国情怀？它意味着一心为公，即将个人理想融入国家、民族的事业之中，在公与私之间担起大任，全心全意地为公家利益着想。

****

施一公出生在一个知识分子家庭，父母均是20世纪50年代的大学生。他的名字"一公"饱含着父母对他的殷切厚望，父母希望他长大成人之后可以"一心为公"。这也成了一则不言自明的家训。

读高中时，施一公在数学和物理方面表现出了异于常人的能力，被清华大学、北京大学和南开大学争相保送录取，最后他成为清华大学生物系的一名学生。不过，一次意外让他失去了父亲，让他对医院产生了一些怨气，他觉得如果医院能先救治他的父亲，而不是非等到交完钱再救治，可能就不会发生这样的人间悲剧。

幸而，他的这份"怨念"没有长存于内心，他回忆起父亲生前便是个开朗乐观、乐于助人的人，明白了怎样才能不辜负父亲的期许。他说："如果我真有抱负、有担当，那就应该去改变社会，让这样的悲剧不再发生，让更多的人过上好日子。"

他开始更加勤奋地学习，也相信自己有更好的服务社会的能力。在清华大学期间，他用了三年时间修完所有学分，提前毕业，并获得了数学系的双学位。之后获得全额奖学金，进入美国十大名校之一的霍普金斯大学。1997年，他成为普林斯顿大学分子生物学系助理教授，2003年升为正教授，也成为该系有史以来最年轻的正教授。4年后，他被授予普林斯顿大

第一章 怀仁怀德，修身之本

学最高级别的教授职位——终身讲席教授。

当头顶亮起耀眼的光环时，施一公做出了一个令人惊讶的决定：回到母校清华大学执教。后来他也曾说过：我一生最崇拜的就是我的父亲。知识分子家庭所特有的浓浓的学习氛围，让他自小便有一心为国的情怀，所以他做出这个决定一点也不奇怪。

父亲的教导和以身作则对他产生了深深的影响，他说："他总是希望我能够做得再好一点，不能知足常乐，而我也一直为了不让父亲失望而努力学习和进取，直到现在，我做每一件大事的时候总能想到要对得起父亲的在天之灵。"

后来，他在接受某栏目采访时也道出了当年回国的动机："希望（至少）三分之一的清华学生能够在个人奋斗实现自我价值的时候，脑子里有一个大我。"

****

施一公用自己的实际行动诠释了何为"一公"，这也是父母对他的训诫和殷切希望。他用自己的一举一动践行着这个训诫，也用自己的经历为更多"有识之士"指出了一条光明、宽广的"为公之路"。

家庭对一个人的影响十分深远，出生在充满一团祥和之气的家庭，人本身的气场也会变得非比寻常，遇事会更积极，面对困难也更有勇气。有优良家教的家庭，极看重对子女的教育，子女都被要求恪守家规。父母会教导子女要心存敬畏，敬畏一切法度法纪。同时，也会教育孩子善于反省自己的所作所为、所思所想，把有违公道的念头一一剔除，让脑子里充满为他人谋福、为公家谋利的思想，并通过不断学习，提升自我认知、拓宽眼界、打开格局。

3. 树君子之风，成有德之人

孔子云："君子食无求饱，居无求安，敏于事而慎于言。"这句话告诉大家，有道德的人吃饭不会贪饱足，居处不求舒适，但说话做事却十分谨慎。真正的君子凡事都会要求自己合乎礼仪，不随便、不放纵。

君子之风，即君子的风范。君子应当有怎样的风范？正直、令人尊敬、诚实守信理应是最基本的。一个人若恣意妄为，不忠厚、容易受人诱惑，没有立志做君子之心，断然难成大器。在家庭教育中，教导子女树君子之风同样十分重要，并且无论男女都要有"君子风范"，知礼、明礼、守礼，做一个有德又有风骨的人。

****

明朝嘉靖年间的杨继盛是一位有名的谏臣，他的风骨、气节令人肃然起敬。因为他直言进谏，所以触怒了当朝内阁首辅、权臣严嵩，为此他被投入大牢之中，备受折磨。在狱中，杨继盛依然显示出了自己的风骨，甘受拷打之痛而拒绝接受友人赠送的止痛蛇胆，并说："吾自有胆何必蚺蛇哉！"

中国历史上的这位硬汉在狱中自知难逃此劫，便写下了《杨忠愍公遗笔》一文。这篇训诫既有告诫妻儿如何为人处世治家的秘诀，又蕴含着很多古代家训育人的优良传统。其中，《父椒山谕应尾应箕两儿》是他写给两个儿子的遗训，言明"居家做人之道，尽在是矣"。

杨继盛在遗训中首先告诫儿子要立志做君子，不可随波逐

第一章 怀仁怀德，修身之本

流，避免成为受人唾弃的小人。而后他又写下一首绝命诗："浩气还太虚，丹心照千古。平生未报国，留作忠魂补！"杨继盛死时还不足40岁，但他却敢于同奸佞权臣直面对抗，实在令人敬佩。

****

杨继盛在训诫中告诫儿子必须在内心树君子之风、做君子当做之事。要树"君子之风"，便是修养自己的德行，培养自己的爱心，对任何人都要怀善意、有恭敬心，甚至宁可自己吃亏也不能贪占他人一丝一毫的便宜，真正做到把信与义印刻在骨子里，反应在行动上。

****

国家非物质文化遗产传承人俞友鸿的家门口悬挂着一块手工雕刻的家训牌，上面写着"诚实守信"四个大字。

俞友鸿的父亲俞广攀已经80多岁，当了一辈子裁缝。在他的裁缝铺里，悬挂着"家风当唯孝悌，世业乃在诗书"的俞氏族训。老人俞广攀十分欣慰，他不但儿孙满堂，还培养了两个中华非物质文化遗产传承人"薪传奖"获得者——三儿子俞友桂和四儿子俞友鸿。

在家训的熏陶和父亲的教导下，俞友鸿为人仁义、忠厚，做事从不为私。近些年他们老家的婺源古宅民宿火了起来，很多民宿业主便登门拜望俞友鸿，希望他可以帮忙修复古宅梁栋木雕。俞友鸿一口答应下来，开始着手修复。在修复过程中，他发现大梁表面看上去安然无恙，可内部已经被白蚁"蛀空"。出于安全的考虑，他便自掏腰包更换大梁，就算自己吃亏也要把木雕修复得完好如初。

重家教 立家规 传家训 正家风

俞友鸿的诚信和不怕吃亏的品格在当地民众间传播开来。

他说："家训不单单刻在木板上，更刻在我的心里。"

****

君子之风，单看这四个字似乎让人觉得"高不可攀"，更有甚者，觉得它应当是一些仁义之士、侠义之人才应当具有的品格。君子之风长存于普通人之间，也是很多家风家训所倡导的一个方面，只是我们习惯把它的内涵解释得过于高大上，才让人觉得遥不可及。

我们在父辈、祖辈那里所学到的正直、诚信、不怕吃亏、甘于奉献诸如此类的良好品质都是君子之风的一个侧面。在这种训诫之下，我们在生活中的点点滴滴都可以彰显君子之风。

"君子者，权重者不媚之，势盛者不附之，倾城者不奉之，貌恶者不讳之，强者不畏之，弱者不欺之，从善者友之，好恶者弃之。"君子是有修养、有道德之人的统称，也是德才兼备、有所为有所不为的代名词。我们在日常生活和工作中，应以君子的标准要求自己，遵从父辈、祖辈的训诫，怀有君子之思，力行君子之事。

4. 更严一尺，更深一寸

清代学者张履祥说："子弟童稚之年，父母师父严者，异日多贤；宽者，多至不肖。"清代文学家曹雪芹也说："不严不能成器。"如果希望子女日后"成贤""成器"的可能性更大一些，就有必要在孩子幼年时期舍"宽"求"严"，严格要求他们。

"严格"也是一种家规、家训，会由此形成相应的家风、家教。在这样的家庭里，父母自身会严于律己，同时也会要求子女和家族后代严谨恪守。

****

钱基博是钱钟书的父亲，他在钱钟书幼时便开始对其进行启蒙教育。最初，钱钟书先跟随伯父读书，伯父去世后，钱基博便全面负责对他的管教。钱基博在教导钱钟书方面非常严格，当时钱钟书在东林小学读书，每天下午放学后，在无锡第三师范任教的钱基博就会让儿子去办公室自修或是由他来教读古文，一直到学校的学生吃完饭才和儿子一起回家。

除了读书上要求严格，钱基博在生活上也格外严厉。他不允许儿子穿西装，也不允许女儿使用国外的化妆品，严格的家教让钱家子女的言行举止、穿衣打扮总是规规矩矩。

还是孩子的钱钟书，偶尔会有"越界"行为，为此他会得到一顿"痛打"。有一年，钱基博因为在清华大学任教，寒假时不在家，没有了父亲的严格管教，钱钟书便借来很多诸如《小说世界》《红玫瑰》《紫罗兰》等刊物随意阅读。

等到暑假时，钱基博回家了，第一件事便是让钱钟书做一篇文章。结果，钱钟书的文章不文不白，缺乏文采，气得钱基博痛打了他一顿。

经过父亲的严厉批评，钱钟书便开始发愤用功，不到两年便与之前大为不同。

****

父亲的严格教育让钱钟书受益良多。在这种家庭环境下，钱钟书也对自己提出了更高的要求。可以说，严格的家教是日后促使钱钟书在文学领域取得佳绩的重要原因之一。

严格的家教会让一个人更清楚地看到自己身上的担子，甚至会因此看透入性中的优与劣，从而尽最大限度发光发热，把最有价值的东西留

重家教 立家规 传家训 正家风

在人间，这便是"严"带来的成果。

"更深一尺，更深一寸"，体现的是人对自我的深度剖析，精准地把握个人性格中的长处和缺点，继而不断发挥所长，补足缺点，完善人格。

✱✱✱✱✱✱✱✱✱✱✱✱✱✱✱✱✱✱✱✱✱✱✱✱✱✱

陆游是南宋文学家、史学家、爱国诗人，他一生主张北伐中原，就算影响仕途也丝毫不后悔。陆游的这种大义也让他对后世子孙提出了更高的要求，对后代产生了深远的影响。

陆游有7个儿子，为了教导好后代，他专门撰写了《绪训》，也就是《放翁家训》，他以自己的亲身经历为根本，教育后代如何立身处世。

这部家训一共分为两个部分，第一部分是陆游中年时期所写，第二部分是晚年时期所写。陆游写的家训，主要体现出以下这五个方面。

第一，拒绝厚葬。从"厚葬于存殁无益，古今达人，言之已详"。送葬不做"香亭魂亭寓人寓马"，"墓木毋过数十"，墓前不立"石人石虎"，墓铭"自记平生大略"，以慰子孙之心，决不"溢美以诬后世"等内容来看，他提倡丧事一切从简，不被世俗言论所误导。

第二，懂得满足。他说："世之贪夫，欲壑无厌，固不足责。"意在告诫子孙不贪婪、不奢求，树立正确的价值观。

第三，为人谦卑。他说："人士有吾辈行同者，虽位有贵贱，交有厚薄，汝辈见之，当极恭逊。"这是教导后代尊贤敬老，不管身处何种官位，都要谦虚和顺。

第四，耕读为本。他说："吾家本农也，复能为农，策之上也。杜门穷经，不应举，不求仕，策之中也。安于小官，不慕荣达，策之下也。"这段话意在告诫后代不能忘本，遵从

"耕读文化",养成务实之风。

第五,重视修养。"后生才锐者,最易坏。若有之,父兄当以为忧,不可以为喜也。切须常加简束,令熟读经子,训以宽厚恭谨,勿令与浮薄者游处。"这句训诫更具现实意义,是说越是才思敏捷的孩子越容易被污浊之风玷污,所以必须严格约束,诵读经典,提升修养。

陆游的家训不仅是对自己后代的要求,也是对自身所提出的要求,他本人也同样严于律己。

陆游最小的儿子陆子聿,也叫陆子遹,才学颇高,是南宋著名的藏书家、刻书家。陆游的很多遗稿都是由他刻成书的。虽然陆游为后代撰写出《放翁家训》,遗憾的是,陆游的七儿子未能严格遵从家训,他在为官之时,做出了令百姓受苦的事情。

当时陆子聿在溧阳出任县令,起初口碑很好。后来,当时任宰相史弥远要购买6000亩土地,却只给所值地价的十分之一时,他却没有再继续坚守为官之道。为了满足史弥远的欲望,陆子聿不惜动用兵丁,强占土地,并从中谋私利。他的举动不但给身为忠义之士的父亲陆游的脸上抹黑,还因此成了反面案例被用来警醒后人。

****

陆子聿没能像父亲陆游那样严于律己,没有遵从陆家家训严格约束自己,轻易丢失掉了自己的原则和底线。一个人若做不到严格遵守家训,也就难以做到"更深一尺,更深一寸"地向内要求自己。

家庭的教育对一个人做事说话都会产生巨大影响,会促使他们在心中放一把尺子,对任何人和任何事都做到严格衡量,从而练就自己的洞察力和鉴别力。每个人心中都应有一把尺,一旦某个人或某件事与自己心中的标尺相去甚远,必须果断远离,如此才能管住心、立住身,做一个清清白白的人。

重家教 立家规 传家训 正家风

5. 忠厚有德，不做违背良心的事

古语云，深以刻薄为戒，每事当从忠厚。一个大气之人，必定有忠厚仁义之心，他们遇事豁达，宽以待人。很多父母都教导子女要有一颗仁慈宽厚的心，做一个待人宽厚、与人为善的人。如果一个家庭有这样的风气，父母也都是宽厚仁德之人，子女在这样的家风中成长，也会对人对事始终怀有一颗宽容之心。

✳✳✳✳✳✳✳✳✳✳✳✳✳✳✳✳✳✳✳✳✳✳✳✳✳✳✳✳

清代书画家、文学家郑板桥在他的家书中曾有这样的训诫："吾辈存心，须刻刻去浇存厚，虽有恶风水，必变为善地，此理断可信也。"这是他写给堂弟郑墨的家书中的一句话，意在让堂弟存心忠厚仁义，明白做人的道理。

他在潍县做官时，给堂弟的第二封家书中又这样写道，"我不在家，儿子便是你管束。要须长其忠厚之情，驱其残忍之性，不得以为犹子而姑纵惜也。家人儿女，总是天地间一般人，当一般爱惜，不可使吾儿凌虐他。凡鱼飧果饼，宜均分散给，大家欢嬉跳跃。若吾儿坐食好物，令家人子远立而望，不得一沾唇齿，其父母见而怜之，无可如何，呼之使去，岂非割心剜肉乎！夫读书中举中进士做官，此是小事，第一要明理做个好人。"

郑板桥的这段家书写于他52岁之后，他晚年得子，自然十分高兴，但他绝不溺爱娇宠。在这段训诫中，他也道明了自己的内心实感：希望儿子与仆人的孩子能够和平、平等地相处，有吃的东西大家一起分享，和乐为先。

****

忠厚乃传家之本，一个忠厚有德、仁义为怀的人，自然会受到他人的尊敬。

拥有忠厚仁德家风的家庭，为子孙后代带去的益处不言而喻，并且这种益处会延绵不断，惠及后代万世。在忠厚仁德家风的影响和熏染之下，家族成员不会有贪婪之心。人性中趋利避害的特质决定了大多数人都会为了个人利益最大化而绞尽脑汁。

在人际交往中也惯于利用他人达到目的，面对矛盾和纷争时，也绝不会主动退步，以免自己吃亏。而从忠厚之家走出来的人与之恰好相反，他们没有贪占便宜的心理，在与他人合作时宁愿吃亏也要让对方或者集体获得更大的利益。虽然表面来看，他们吃了亏，可忠实可靠的秉性却会为他们后面的人生带去源源不断的益处。

忠厚的家风会让人主动担责。面对问题，不少人会习惯性地把自己抽离出致错原因之外，再找各种理由为自己开脱。而有忠厚品质的人则会直面问题，甚至会主动揽责，他们想到的是快速解决问题，而非推诿。

此外，忠厚的家风也会让人在做事时不求回报。忠厚的人总是施人以恩，乐于出手相助，且在助人之后从不期望得到来自对方的感激和回报，更不会主动索取。他们坚信善心、善行会得到善果。而无数的事实也证明了这一点：忠厚善良、不做违背良心之事的人总会把人生路越走越宽。

曾国藩说："慎独则心安。自修之道，莫难于养心，养心之难，又在慎独。能慎独，则内省不疚，可以对天地质鬼神。"为人处世重在心安理得，做忠厚仁义之人，不做违背良心之事，如此，自然可以问心无愧、一生坦荡。

6. 不骄不躁，不追名逐利

老子在《道德经》中说："静为躁君。"意思是宁静是躁动的主宰。老子认为，人的内心都是渴望宁静的，这是因为人本性的状态便是宁静的状态。《左传》中也有"仁者静"的说法，都是在说明静对于一个人修身养性的重要性。

古代很多有智慧的父母都会留下诸如"静心""养性""不追逐名利"等对子孙后代的训诫，在"以静为本"的家庭中，不贪多求大是祖辈对后代最大的期望。因为他们知道追名逐利会让一个人丧失理智，变得焦躁不安，终日只想着如何能获取更大的利益，抛弃了为人之道、做人之本。

很多家训中都有关于教导子女戒骄戒躁的内容，这便是要求子女学会放下，学会"静"。静，即是不躁，不躁者自然不骄，不骄者自然有德，有德者自然秉性纯良、与人为善。不骄不躁是建立在含有淡泊之心的"静"的基础之上。当一个人有了淡泊之心，也就自然会远离是非争端，不会卷入世事的纷争之中，反而时刻都能保持清醒的头脑和认知，看待事物也更清晰透彻。

第一章 怀仁怀德，修身之本

✳✳✳✳✳✳✳✳✳✳✳✳✳✳✳✳✳✳✳✳✳✳✳✳

三国时期的蜀汉丞相诸葛亮，为光复汉室立下汗马功劳，可谓"鞠躬尽瘁，死而后已"。他的功勋自不必说，而他在教子上也很有心得。

诸葛亮早年并无子嗣，他的哥哥诸葛瑾便把二儿子诸葛乔过继给他。后来诸葛乔成为驸马都尉，身份显赫。当时诸葛亮作为蜀汉丞相，位高权重，诸葛乔又是自己唯一的继子，按理说应当有享不尽的荣华富贵，可诸葛亮却时时刻刻督促诸葛乔，并让他随军北伐，过艰苦的生活，为此还为诸葛瑾写了一封信，言明诸葛乔本可以回成都，不过考虑到很多将士的子弟也一并在押运物资，应当让他与大家同甘苦、共患难。

诸葛亮十分重视对晚辈的教育，包括子、侄、外甥都是他的训诫对象。后来他有了自己的儿子——诸葛瞻，他还特地写下了流传千古的《诫子书》。

夫君子之行，静以修身，俭以养德。非淡泊无以明志，非宁静无以致远。夫学须静也，才须学也，非学无以广才，非志无以成学。淫慢则不能励精，险躁则不能治性。年与时驰，意与日去，遂成枯落，多不接世，悲守穷庐，将复何及！

在这则家训中，诸葛亮教导儿子要立大志、树大德，淡泊名利，勤俭节约，培养高尚的志趣和情操。此外他还写了《诫外甥书》。

夫志当存高远，慕先贤，绝情欲，弃凝滞，使庶几之志，揭然有所存，恻然有所感。忍屈伸，去细碎，广咨问，除嫌吝，虽有淹留，何损于美趣，何患于不济。若志不强毅，意不慷慨，徒碌碌滞于俗，默默束于情，永窜伏于凡庸，不免于下流矣！

两则家训都是告诫晚辈要注重德行修养，意识到立志做人的重要性，不要忙忙碌碌地拘泥于俗事俗物之中。

诸葛瞻17岁迎娶公主，拜骑都尉，后来又担任羽林中郎将等职，与董厥同为平尚书事。诸葛亮死后，他在蜀汉的百姓中也颇有口碑。甚至于，每当朝廷有新的、好的举措，就算不是诸葛瞻提出的，百姓也纷纷说是"诸葛侯做的好事"，由此可见他在百姓心中的地位。

诸葛瞻的后代诸葛尚、诸葛京一样很有出息。诸葛尚与父亲一同为国战死，诸葛京则凭借自己的能力成为江州刺史。

****

《聪训斋语》中说："静之义有二：一则身不过劳，一则心不轻动。凡遇一切劳顿、忧惶、喜乐、恐惧之事，外则顺以应之，此心凝然不动，如澄潭、如古井，则志一动气，外间之纷扰皆退听矣。"这段话的意思正好契合诸葛亮所希望晚辈一生追求和守护的"宁静"。

良好的家风家训会让子孙后代养成良好的习惯，培养出高尚的品格。诸葛亮所倡导的"静"，促使诸葛家族的成员在立下志向后，不会因任何客观因素而改变初心，也不会醉心于声色犬马之中，而是始终如一地坚守本心，戒骄戒躁。

第二章
孝亲爱老，端正其心

☆☆☆☆☆

"百善孝为先"，孝是中华民族的传统美德，奉行孝道是炎黄子孙应当恪守的处事之准。父母要让子女懂得"羊有跪乳之恩，鸦有反哺之义"，并身体力行孝敬长辈，这样子女才能更好地践行孝道。一个充满孝道文化的家庭，才更容易培养出栋梁之材。

☆☆☆☆☆

重家教 立家规 传家训 正家风

1. 不孝父母，奉神无益

孝道在每个时代都被大力倡导。孝可正其心。孟子云："惟孝顺父母，可以解忧。"孝顺父母能排解忧愁。孝与解忧看似没有关联，实则有着相互制约的辩证关系。能做到真正孝顺的人，往往是内心端正之人。当遇到忧心事、难心事，因为其心端正，也就很容易找到应对之法、解决之道。

林则徐在其家训《十无益》中说，不孝父母，敬神无益。意思是说一个对父母不孝顺的人，整日求神拜佛、烧香祷告，又有什么意义呢？孝道应当成为每个家庭的家风家训，父母也要在平时的生活中对子女刻意地做"训孝"教育，让他们意识到孝顺父母是每个人应具备的基本素养。

****

明清时期的平潭李氏是一个庞大兴盛的家族，该家族既是文化世家，也是孝义之家。家族世代将"仁义礼智信"当成修身治家之本，父慈子孝，家族和睦。而且，其以文兴家、以孝传家的家风也延续了数百年之久。

八世子孙李璞，很擅长引导孩子成长。在他的教导下，儿子李凤十分懂得孝道，李璞也预言儿子日后肯定会让李家兴盛。李凤年少时期便胸有大志，他少年丧母，于是便协助父亲料理家务。他的继母非常严厉，不过李凤却能做到事事让继母满意，这是非常难得的。而且他总会与妻子一起做美味佳肴孝

· 20 ·

第二章 孝亲爱老，端正其心

敬继母，始终怀有一颗孝心。

继母有一个儿子，游手好闲，最终成了乞丐。李凤知道后，便时常送去衣服和食物接济，并慢慢地引导他走上正路。这件事给继母带来很大触动，此后对待李凤也改变了态度，并与他一直和睦相处，直到去世。

✳✳✳✳✳✳✳✳✳✳✳✳✳✳✳✳✳✳✳✳✳✳✳✳✳

李氏家族以孝兴家的家风影响了李氏家族的后人，而其家族对孝的理解和诠释，也对世人产生了很大的影响。人们都为平潭李氏恪守孝道、传承孝义的举动所折服，也以此为典范，教导自家子孙以李氏家族的成员为楷模。

"百善孝为先"，很多家庭都把这句话作为教育子女的金科玉律，希望子女能行孝、尽孝。为人父母虽然并不渴求子女会有古代孝道故事中那些名人志士的孝行，但仍然希望子女们能够把父母挂在心上。懂孝的人会更容易在社会上站稳脚跟，因为一个孝顺父母的人必然是个在工作中、事业上尽心竭力的人。

✳✳✳✳✳✳✳✳✳✳✳✳✳✳✳✳✳✳✳

从1956年开始，肖秀云便开始照顾婆婆杨金枝及一家人的生活。杨金枝的家在山东东明县农村，肖秀云嫁给杨金枝的独子后短短三个多月，便一个人撑起了全家。当时杨金枝的独子支边到八师一三四团，家里的担子便落在了肖秀云一个人身上。

肖秀云说，她和婆婆都出生在穷苦之家，在她眼中，婆婆就像她亲娘一样。在起居饮食上，肖秀云尽自己所能满足婆婆的需求。她知道婆婆年纪大了，还戴着假牙，便做些鸡蛋羹、

· 21 ·

饺子等软一些的食物。吃饭的时候，肖秀云总是把第一碗先给婆婆，吃完饭就开始收拾碗筷和整理家务。

吃苦耐劳又孝顺的肖秀云一直坚守着这个穷苦之家。偶尔，婆婆会冲她发脾气，但她从不计较，依旧宽容地对待婆婆。转眼间，几十年过去了，杨金枝已到了101岁高龄，肖秀云也已经79岁了。公公和丈夫相继过世，子女也都已成家立业，肖秀云依然和婆婆在一起生活，算起来已有58年之久。

经过这么多年的相处，婆媳两人早已分不开了。肖秀云还是一如往常地每天给婆婆做上可口的饭菜，把婆婆睡的床铺和穿的衣服洗得干干净净。她说自己一辈子没有文化，但会努力孝顺老人、操持好家务。

****

对我们大部分人来说，孝行更多地体现在寻常生活中的点滴小事上。说一句温和的话语、倒一杯清茶，甚至收拾碗筷、整理家务等平日里的一些小事都会被父母理解为孝顺。因而，我们帮助父母分担那些在我们看来理应由父母去做的各种"小事"，实际上就是一种孝顺。

要让子女知孝、行孝，父母自身要做出表率，在家庭中形成孝的家风家训，让子女在潜移默化中接受"孝"的熏陶。同时，父母也要多督促子女去做生活中的那些"小事"，从小事上培养子女的孝心、孝行。

孝顺是一种可贵又难得的品质。俗话说，滴水之恩当涌泉相报。父母养育我们长大，我们理应用自己的孝行去回报。孝顺的人眼里有长辈，懂尊敬，也就会成长为一个宽厚正直的人，这样的人在社会上也更容易立足，并获得他人的尊重和信任。

2. 为人最忌不重人伦、不守孝道

孝养父母是一个人最基本的责任和义务，我们从历史资料和很多小说野史中都能看到关于孝与不孝分别会呈现什么样的结局。这些史实或故事都传递出一个道理：行孝者必蒙福。《论语》中也说："君子务本，本立而道生。孝悌也者，其为仁之本与。"在孔子看来，孝顺父母、顺从兄长是为仁的根本。

在古代，孝悌观念根植于人心，不孝者往往会被世人所唾骂。时至今日，孝顺虽然不似古代那般成为"准则"，但一样被人们提倡并大力宣扬。孝顺是一种美德，是一个人拥有良好家教的体现，也同时能体现出一个家庭的家风。

✳✳✳✳✳✳✳✳✳✳✳✳✳✳✳✳✳✳✳✳✳✳✳

1996年2月，于统帅出生在山东省泰安市肥城市边院镇第一个穷苦家庭。他的母亲患有严重的强直性脊柱炎，生活不能自理；父亲也患有腰椎间盘突出症和关节炎，常年在外打零工，不能做太重的体力活。

出生在这样的家庭，于统帅自幼便学会了独立，也学会了孝顺。他2岁才会走路，之后便帮着母亲搬凳子、倒开水，6岁便一人挑起照顾母亲的重担。别人家的孩子每天放学回家或逢节假日，都会享受愉快、自由的时光，他却要学着干农活、做家务。

隆冬时节，于统帅用冰冷的水给母亲洗衣服，一双小手没几天便全是口子，只因为他怕在屋里洗会吵到母亲休息。一想到自己的孩子从小就吃苦，不会撒娇，也没有享受到别的孩子一样的快乐，于统帅的母亲有时会忍不住哭泣。但懂事的于统帅非但不觉得委屈，反而会安慰母亲："妈妈别哭，我不累，我什么都不需要，我需要你，你活着，我还有个妈。"

2011年，一边照顾母亲，一边勤学的于统帅以全镇第一名的优异成绩考入肥城市泰西中学，他说："我不能把母亲一个人留在家里！"于是他在学校附近租下一间不足10平方米的破旧房子，一边上学，一边照料母亲。

他每天4点钟便起床，烧火、煮饭，帮母亲起床、洗脸、吃饭，而后匆忙地赶去学校。放学后，几乎要把早上的活再重复一次，直到母亲入睡，夜深人静时，他才会拿出书本做功课，日日如此。

于统帅的孝行很快传遍全国，他也赢得了社会各界人士的赞誉，曾获"全国道德模范提名奖"、央视"最美孝心少年"、"山东省道德模范"、中国石油大学（华东）"感动石大"十大学子等荣誉称号。

照料母亲需要花费很多时间和精力，可这并没有妨碍于统帅在高考时以优异的成绩考入中国石油大学（华东）。这一次，为了方便照顾母亲，他又把家搬到了青岛。他说："我不能把母亲一个人留在家里，从拿到录取通知书的那天起，我就打算在学校附近租间房子，带着母亲来上学，这样我心里才踏实。"

虽然生在一个穷苦家庭，又照顾重病的母亲，但在于统帅的心里，他自己的家和别的家并没有不一样，他的父母也给予他爱和力量，他的家也是充满温暖和希望的。

曾有记者问于统帅是什么支撑他坚持下来。他回答："我所做的一切只是对母亲的回报，都是我应该做的。"

第二章　孝亲爱老，端正其心

一句"对母亲的回报"已然可以让我们探索到于统帅举动背后的深层原因。于统帅父母对他的教导、给予的爱，是促使他产生孝心、孝行的根本。

环境是影响一个人人格塑造的关键。一个家庭若缺乏孝道教育，没有形成孝的风气和氛围，就很难走出孝子贤孙。因而，要想让子女重人伦、守孝道，父母的引导和教育是关键。

父母要做出榜样。父母是孩子的第一任老师，孩子会模仿父母的行为，父母稍有做得不好的地方都会影响到孩子。所以父母要以身作则，从生活上的小事去关怀长辈、孝顺长辈，这样才会慢慢地影响自己子女的思想和行为。

在生活中，父母也要有怜悯之心。比如见到有困难的人可给予一些帮助，让孩子自幼在心里种下善良的种子。又或者在条件允许和方便的情况下收养流浪猫、流浪狗，这都是激发孩子内在善良的方法。

父母可以多给孩子讲讲关于孝顺的故事，可以是古代的，也可以是发生在身边的，这样能让孩子的内心充满孝顺的观念和情感，久而久之，他们便会发自内心地关心他人、孝顺父母了。

3. 尊敬父母也是一种孝

教训建立在尊重的基础上。在任何一个家庭中，成员之间首先要抛开身份的"不对等"。父母不能因为自己是长辈而只下命令，不懂倾听，而是要与晚辈平视沟通，这样就会形成平等的家庭氛围，在平等的氛围中，子女对父母的孝顺就会更多出一份"敬"。

重家教 立家规 传家训 正家风

《吕氏春秋》中说："民之本教曰孝，其行孝曰养。养可能也，敬为难；敬可能也，安为难；安可能也，卒为难。"意在指出民众最根本的教养是孝道，奉养父母便是行孝道。奉养父母可以做到，但难做的是对父母恭敬；对父母恭敬可以做到，难做的是让父母安宁；让父母安宁可以做到，难做的是善始善终。在《论语·为政》中也有："今之孝者，是谓能养。至于犬马，皆能有养；不敬，何以别乎？"如果对待父母不够尊敬，与养狗养马有什么区别呢？这两段话都道明了尊敬父母的重要性。因而，父母在教导子女孝顺之前，首先要让他们学会发自内心地尊敬父母，从精神上对父母充满敬重和尊崇。

****

军事家许世友不满10岁时，父亲便去世了，他与母亲相依为命。一天，许世友到山上挖野菜，回家时天色已晚，他看到母亲孤零零地站在村口等他，不禁一阵心酸，直接跪倒在地，对母亲说："娘，俺晓得你最疼俺，俺这一辈子不管有没有出息，一定尽心奉养您！"

许世友16岁那年，误伤了地主家的儿子，地主便与官府勾结到处抓他。一年后，逃离在外的许世友偷偷跑回家中，见到母亲后跪在地上说："娘，俺走后，让您老受苦了！"

后来许世友参加了革命，反对派对他恨之入骨，屡次去他家里捣乱。许世友的母亲被逼无奈只能带着两个女儿逃到外地。一次，她们在行乞的路上碰到了许世友，许世友见母亲和妹妹们狼狈的样子，顿时泪如雨下，难过地说："娘，孩儿不孝，连累您老人家无处安身……"

1949年，已经成为山东省军区副司令、司令员的许世友接来了年迈的老母亲。当老母亲从车上下来的一刹那，许世友亲切地叫了一声："娘！"接着，他当着身后几十名官兵的面跪在母亲面前，泣不成声。

母亲心疼地搀扶起他，说："孩子，快起来，一个大将军怎么当着这么多部下跪我一个老太婆!"许世友说:"我当再大的官,还是您的儿,您老就让我多跪会儿吧,这样我心里好受些!"

许世友的母亲一生清贫、勤劳,她过不惯城里的生活,不到一个月就回老家了。1959年春,挂念母亲的许世友请假回乡探望母亲。到家时正看到母亲背着柴草,便快步上前接过柴草背在自己身上,然后又跪在母亲面前说:"娘,您这么大年纪了还上山砍柴,儿心里实在难过啊!"几番劝说,直到母亲答应不再上山砍柴,许世友才站起身。

✲✲✲✲✲✲✲✲✲✲✲✲✲✲✲✲✲✲✲✲✲✲✲✲

许世友对母亲的"孝敬"令人动容,从他的举动中,我们能清楚地看到他对母亲不仅孝顺,还怀有发自内心的敬重。他几次三番跪拜母亲,并非单纯考虑母亲是自己的长辈,而是对母亲充满尊敬和爱,这份孝心、孝行弥足珍贵,值得我们学习。

孔子曾对自己的学生们说,孝敬父母什么是最难的?不给父母脸色看是最难的。对于这一点,很多人对孝的认知都有错误,大多数人对孝顺的概念还停留在物质享用上,虽然这算作一种孝,但这只是"低层面"的孝。真正的孝顺是"高层面"的孝,即子女要学会尊敬和厚待父母,让父母在精神和情感上获得满足和欣慰。

拥有孝顺的家庭氛围并不难。首先,父母要教育好自己的子女。有智慧的父母总是会教导子女对待任何人,都要和颜悦色而非恶语相向、要宽容理解而非争执埋怨;也会尊重子女的某些选择和意愿,关注子女的内心世界,让子女感受到温暖和关爱。在有优秀家风、家教的家庭中长大的孩子,往往都会发自内心地亲近父母、耐心对待长辈。

其次,子女要保持一颗尊敬父母的心。要做到"以敬为孝"也有一定难度,难就难在这是一个长期的过程,需要渗透到生活中的点点滴滴。且每个人都是独立的个体,都有自己的想法和习惯,即便为人子女,也未必真的能做到时刻以父母的意愿为先。但只要子女尊敬父母,生活中的磕磕碰碰并不会对我们的孝行产生多大影响，反而会在小磕小碰中让孝升华，变成我们内心终生遵从的大爱。

4. 言传身教育"孝行"

《弟子规》中说，亲所好，力为具；亲所恶，谨为去。身有伤，贻亲忧；德有伤，贻亲羞。意思为：父母喜好的东西，子女要尽力去准备；父母厌恶的事情，子女应谨慎剔除；假如子女的身体遭受伤害，父母会为此担忧；而若是德行有损、有了污点，父母就会感到羞耻。父母长辈都希望后生晚辈品德高尚，"亲所好"和"亲所恶"放在当今时代，可以理解为所有阻碍健康成长的因素都是父母厌恶的，也是子女应当尽力去除的，子女能够做到这一点，便不失为孝。

父母以身作则、言传身教是培育孝行的有效方法。父母应当有意识地培养子女知孝、行孝，带子女体会孝顺的各种表现形式，并以此培育孝的家风。

著有辉煌巨著《史记》的司马迁因为"李陵事件"受到牵连，从而被捕入狱，惨遭宫刑。但他忍受着奇耻大辱，奋发著书，历经十多年的努力，终于完成了《史记》这部不朽之作。

而司马迁能够取得这样的成就，与他父亲司马谈对他的训诫是分不开的。

****

司马谈曾任太史令，对历史颇有研究，并撰写了《论六家要旨》，这本书司马迁看过很多遍，也为日后撰写《史记》

打下了基础。司马谈在任期间，除了履行个人职责外，也期望儿子司马迁可以子承父业。因而，在司马迁很小的时候，他便会讲很多历史故事，培养儿子对历史的兴趣。司马谈还时常对儿子说：做史官最重要的是忠于事实。

司马迁长大成人后，被父亲送到了孔安国、董仲舒这样的大家门下学习，长到20岁时，又在父亲的安排下开始四处游览，足迹可谓遍布大江南北。通过刻苦的学习，司马迁成为一个经多见广、博古通今的人。

汉武帝元封元年，司马谈跟随汉武帝参加泰山封禅，在洛阳染上重病，处在弥留之际，恰好司马迁回乡。他留下了遗言，也是对司马迁的训诫。

"余先周室之太史也。自上世尝显功名于虞夏，典天官事。后世中衰，绝于予乎？汝复为太史，则续吾祖矣。今天子接千岁之统，封泰山，而余不得从行，是命也夫，命也夫！余死，汝必为太史；为太史，无忘吾所欲论著矣。且夫孝始于事亲，中于事君，终于立身。扬名于后世，以显父母，此孝之大者。夫天下称诵周公，言其能论歌文武之德，宣周邵之风，达太王王季之思虑，爰及公刘，以尊后稷也。幽厉之后，王道缺，礼乐衰，孔子修旧起废，论诗书，作春秋，则学者至今则之。自获麟以来四百有余岁，而诸侯相兼，史记放绝。今汉兴，海内一统，明主贤君忠臣死义之士，余为太史而弗论载，废天下之史文，余甚惧焉，汝其念哉！"

这一训诫便是《命子迁》。可以说，没有《命子迁》便没有《史记》这部旷世奇作。在这则训诫中，司马谈先是追溯往昔，希望司马迁可以继承先祖的太史事业，更直言孝道始于奉养双亲，继而侍奉君主，最终则是立身扬名。能够扬名于后世以显耀父母，这才算得上最大的孝道。

重家教 立家规 传家训 正家风

司马谈在训诫中对于自己不能继续做太史而感到万分遗憾，便把希望寄托在了司马迁身上，希望让儿子完成自己的愿望。而司马迁也将父亲的话牢记于心，并说："小子不敏，请悉论先人所次旧闻，弗敢阙。"意思是说，儿子虽然驽笨，可一定会详细地编纂现任整理的历史旧闻，不敢有缺漏。

司马谈未竟的事业在儿子手中的得以完成，司马迁不辱父命、父训，最终写出了被誉为"史家之绝唱，无韵之离骚"的《史记》，千古留名。

****

可以看出，司马谈对司马迁的言传身教意义深远，在自己临终之际托付"事业"，也由此让儿子尽了"大孝"。

子女会以自己的方式行孝，而父母也可以通过某些方式培育、引导孩子的孝行。培养孩子尽孝的过程，也是教导他们为人处世的过程。"父母之爱子，则为之计深远"，真正爱自己孩子的父母，都会为子女做长远的考虑和打算。父母培养孩子的孝心、孝行，也是让子女在日后可以安身立命的重要前提。

5. 孝顺是爱的一种体现

孝顺是一种爱的传承和表达，每个人对爱都有不同的表达方式，无论采用哪种方式，只要能够让父母感受到这份爱，我们的孝行就会得到体现。

我们常说爱父母，如果问这种爱体现在什么地方，可能很多人无法回答。其实，爱父母的一个最直接表现便是"孝"，我们能够尽孝道，表心意，就表达出了对父母的爱。所以，孝已然概括了爱。

※※※※※※※※※※※※※※※※※※※※※※※※※※

东汉时期齐国有一个人叫江革，是有名的孝子。他早年丧父，母亲独自一人含辛茹苦将他拉扯成人。

当时，天下纷乱，盗贼四起，整个社会都笼罩在一片阴霾之下。江革也像很多人一样，带着老母亲一路东逃西躲。逃难的途中，但凡可以填饱肚子的东西，野菜、树根等都成了他们梦寐以求的"美食"。每次江革找到这些东西都会先给母亲吃，让母亲填饱肚子，而他自己有时候甚至一连几天都吃不到任何东西，经常饿得几乎昏厥。每次找到水源，他都会喝很多，把肚子撑大，这样可以挨上好几天。

这一天，江革和老母亲遇到一伙强盗，他们让江革加入他们的强盗队伍。江革知道这次插翅难飞，哭着对强盗们说："求你们放过我吧，我的老母亲只有我一个儿子，我们母子俩相依为命。要是我和你们走了，老母亲怎么办呢？"说完便泪流满面。强盗们见他实在可怜，也就心软了，放他和老母亲离开了。

之后，江革带着老母亲逃到了下邳，靠为他人做工养活母亲。在那期间，赶上母亲生病，江革就让母亲坐牛车去其他地方医治，但江革怕牛拉的车子太过颠簸于是自己当起了"老牛"，驾辕拉车。方圆数十里内，江革的孝子之名可谓无人不知，所以乡亲们都叫他"江巨孝"。

太守也早已知道江革的"大孝之名"，所以多次厚礼征召他当差，却都被江革拒绝了，因为他实在放不下老母亲。

老母亲去世后，江革痛不欲生，因为过分伤心而口吐鲜血，一下子病倒了。他还在母亲的墓地旁搭建了一间简易的茅草屋，守孝整整三年。直到太守再次派人去征召他，他才依依不舍地离开，去府衙任职。

****

江革对母亲的孝顺是一种大爱的体现，他爱母亲，怕失去母亲，所以才在遇到强盗时伤心流泪、被太守征召时果断拒绝。母亲在他的心中有着至高的地位，是任何人和事都无法取代的。

《增广贤文》中说，羊有跪乳之恩，鸦有反哺之义。"跪乳"和"反哺"都是对父母的一种孝顺和回报，也是一种爱的体现。子女对父母的爱，形式不是单一、固定的。子女在幼年时期总会依赖父母，这是对父母爱的一种展现；子女长大成人变得独立，不再劳累父母，这也是对父母爱的展现。每个人从幼年到成年，都需要引导和教育。因此，父母要在子女的成长过程中，有意识地培养子女的爱心，在家庭中营造充满爱的气氛，继而形成独属于自己家庭的"爱的风气"，从而就会在不知不觉中培育出子女的孝心、孝行。

****

2008年10月，广东省电白县（现电白区）沙琅镇17岁的少年邱炳强的父亲因舌癌去世；次年，他的母亲周红霞因连续加班过度劳累导致脑内大出血，术后虽然脱离了生命危险，但造成半身瘫痪、失语，生活不能自理。当时正读高二的邱炳强决定休学一年，专门照顾自己的母亲。同时，他会通过表演毽球赚钱养家。

在母亲住院的一年时间里，邱炳强成了专职"保姆"，甚至比保姆更辛苦。2011年，邱炳强几经周折进入深圳市西乡中学复读，母子俩在校旁租住了一间屋子。邱炳强学校、家里两头跑，一边照顾母亲，一边刻苦学习。在这种情况下，邱炳强还是他们学校中国青少年毽球推广中心的代课老师。2012年7月，他被武汉体育学院录取。

上了大学后，邱炳强仍旧把母亲带在身边，悉心照料。

2015年3月,周红霞再次晕倒,幸得同学发现,及时送往医院。当时邱炳强正在上海录节目,以赚取母子二人的生活费和母亲的医疗费。

经过检查,医生说二次中风后能活下来的概率很小,不过周红霞有着强烈的生存意志,终于度过了危险期。邱炳强说道:"我很担心失去唯一的亲人。"

邱炳强对母亲的孝顺感动了所有知情人,他身边的人以及许多社会人士也给予了他很多关爱和支持。2014年,邱炳强也因个人的感人事迹,被评为湖北好人,进入"孝星榜"。

****

每一个孝顺的子女都对父母怀有浓浓的爱,这份爱不仅仅是说出来的,更是实实在在做出来的,是体现在生活的一切细节和小事之中,一如当初父母对子女的无声无息、深沉又厚重的爱。

"树欲静而风不止,子欲养而亲不待",子女行孝不能等,对父母的爱要随时随地用实际行动表现出来,要让父母感受到,子女有一颗陪伴他们、安慰他们、体谅他们、爱他们的孝心。

第三章
夫敬妇贤，以和为贵

☆☆☆☆☆

夫与妇结合在一起组成了家庭，一个幸福的家庭不能缺少任何一方，同时，双方的关系应该以和顺、恭敬为要。在中国传统的家训中，为夫者应敬，为妇则要贤，双方以和为贵，如此才能构建和谐长久的夫妻关系，从而创造幸福之家。

☆☆☆☆☆

重家教 立家规 传家训 正家风

1. 夫有夫道，家庭和睦万事兴

夫妻关系是家庭中最基本的关系，夫妻关系是否和谐美满，关乎着一个家族其他关系，包括父子关系、兄弟关系等的和谐程度，而失和的夫妻关系会成为一个原本兴旺的家族土崩瓦解的导火索和最强"致病因"。

幸福的婚姻需要夫妻双方共同经营，特别是丈夫，要在婚姻生活中尽夫道、履夫责，要与妻子建立对等关系，不能有高低和强弱之分，一旦关系失衡，就会引发诸多矛盾。

****

明朝开国皇帝朱元璋出身贫苦、低微，还在寺庙做过和尚，后来他与儿时玩伴汤河参与起义，进入了起义军领袖郭子兴的队伍中。在打仗期间，朱元璋敢打敢拼，有勇有谋，逐渐引起了郭子兴的注意。

当时，郭子兴的一位好友因被官府通缉，出逃时把女儿马秀英托付给了郭子兴。郭子兴对马秀英视如己出，等他发现朱元璋的才干并有意培养后，就把马秀英许配给了朱元璋，自此一段良缘缔结而成。

乱世之中，朱元璋遭遇过很多磨难，甚至曾多次因郭子兴的多疑而身陷危难之中，每一次都是马秀英从中斡旋，她更把自己积攒下来的银两拿给郭子兴，哄他开心，可以说，如果没有马秀英，朱元璋或许早已丧命。

朱元璋登基后，从没有嫌弃过与自己相扶半生的马秀英，还把她封为皇后。对待马秀英，朱元璋自然心有感激，但更多的是为人丈夫的一颗疼爱之心、一份怜爱之情。

朱元璋在后期的统治中很偏激，唯独对马秀英还是一如既往地尊重，会认真听取她的意见。1382年，马秀英病重，朱元璋遍寻天下名医为她医病，可依然无力回天。马秀英死后，朱元璋痛不欲生，追谥马秀英为孝慈皇后，且终生不再立后。

※※※※※※※※※※※※※※※※※※※※※※※※※※※

朱元璋与马秀英夫妻情深，虽然他们身在古代，却也能够给今天的我们一些警醒，让我们明白在好的婚姻关系中，丈夫如何对待妻子，在某种程度上决定了一个家庭是美满幸福还是悲惨不幸。

好的婚姻中都会有一个有格局的丈夫，男人的格局越大，婚姻就会越美满，原因在于，男人的格局在一定程度上引导着婚姻的走向，更决定了一个家庭的幸福与否。如果男人在婚姻中表现得小肚鸡肠、斤斤计较，那么必然会时常引起争吵，生活也会变得一片狼藉。反过来说，男人给予妻子更多的体谅、宽慰和包容，女人也会感到快乐并变得和顺贤淑，她也会用自己的温情来回报丈夫。

有人说，看一个男人什么样，就知道他的婚姻什么样。男人的格局和德行，决定了一段婚姻是否幸福，也决定了一个家庭是否美满。因而，男人作为丈夫，要时时自省，时时检验，看自己是否有失德失范的行为，不能总是单方面地要求女人恪守妇道，自己也要遵从夫道，做丈夫该做的事情，对妻子给予更多的爱与关怀，这样才会让家庭呈现出一派祥和之气。

2. 妻惠家旺，千金难求

司马光的《温公家范》中云："夫妇之道，天地之大义，风化之本原也，可不重欤！"这句话告诉我们：夫妻之间的道义是天地之间很重要的道义，更是风俗教化的本原，怎么能不重视呢？

为人当以信义为要，夫妻之间更要严守一个"义"字，如果夫妻双方都"不义"，即不讲情义、失了恩义、没有道义，这样的夫妻关系也早已名存实亡，徒有夫妻之名而已。丈夫应当以义为先，要有责任和担当，做丈夫应该做的事，维护好夫妻情分。妻子也必须尽到妻子的责任，善于帮扶丈夫，正如张履祥在《杨园先生集》卷四八《讯子语下》中所云：妇之于夫，终身攸托，甘苦同之，安危与共。能够一直守候在丈夫身边，不离不弃，且只讲付出、不计回报的妻子，自然称得上贤惠妻子，她的品格也会影响、带动丈夫，终而让这个小家慢慢地兴旺起来。

****

清朝年间，有一户人家原本非常富裕，但家中却有一个好逸恶劳的子弟，名叫王中富。父母去世后，王中富坐吃山空，只用了一两年便将家产挥霍大半。父母在世时，曾为他定下一门亲事，但女方家里听闻王中富游手好闲，就打算退亲。王中富赶忙找来亲戚帮忙去女方家里说情，最终女方心软，同意了亲事。一年后，两个人拜堂成亲。

成家后的王中富比之前有所改观，可依然好吃懒做，导致家里的日子过得非常贫苦，村里人都笑话他。幸好他的妻子非常贤惠，常常鼓励他有时间多读书，过两年去考取功名，到时就没人会瞧不起他了。

王中富有些无奈地说："家里的日子过得这么差，我哪里有心思读书呢？"

妻子说："只要你有信心，家里的事情都交给我，你不用担心吃穿问题，就算我一个人吃苦受累供你读书也行。"

王中富受够了村里人的白眼，也不打算继续过穷苦日子了，便狠下心说："好！那我就去考考看！"此后，王中富果然开始苦学，而妻子一个人承担起了家里的重担。

这年秋天，家里的粮食又要吃光了，妻子便去山上挖野菜，拿回来与高粱面和在一起，煮成面糊糊吃。野菜挖得不多，不够两个人吃，妻子为了不让王中富分心，便在做饭时把一只空瓦罐封上口放在锅里，这样做出来的饭看起来多一些。

每次吃饭，都是妻子给王中富盛饭，王中富见锅里的面糊糊不少，便敞开肚子吃，可妻子却背地里挨饿。

一天中午，夫妻俩正吃饭时，有小猪进了他们家的天井，妻子赶紧跑了出去。这时王中富的碗空了，便自己去盛饭，他向锅里伸出勺子的时候，突然发出"当"的一声。他很好奇，便用勺子使劲搅了搅，才发现锅底有一个瓦罐。

妻子回来后，王中富便问妻子瓦罐是怎么回事。妻子见"秘密"被发现了，就没再隐瞒，把自己的用意说了出来。

王中富一听，心中万分愧疚，此后，王中富更加勤奋地读书，两年后进京赶考，一举登科。后来，夫妻俩的日子过得越来越红火，村里人都十分羡慕。

****

这个故事中的妻子令人钦佩，她的做法改变了丈夫的人生。可见，在一个家庭中，贤惠的妻子总能带给丈夫精神上的慰藉与温暖，促使丈夫立下志向、积极进取，与自己同心同德，从而当好家中的"顶梁柱"，最终使家庭和睦美满，兴旺发达。

3. 婚姻素对，靖侯成规

《颜氏家训·治家》中有这样一段话："婚姻素对，靖侯成规。近世嫁娶，遂有卖女纳财，买妇输绢，比量父祖，计较锱铢，责多还少，市井无异。或猥婿在门，或傲妇擅室，贪荣求利，反招羞耻，可不慎欤！"这段话的大意是：婚姻要遵从先祖靖侯立下的规矩，找清白的人家。近代嫁娶，很多看重钱财家室，如同做生意一般，由此导致一些家庭招来的女婿作奸犯科，一些人所娶的妻子刁蛮专横。这都是因贪图钱财利益招致的祸端和耻辱，能不谨慎吗？

古代很多普通家庭的父母都希望子女结婚可以找到清白人家，即便是今天，这个观点也有着巨大的参考价值。部分父母教导子女图名图利，继而，子女也"委曲求全"，进入一个原本自己并不想进入的家庭圈子，与一个自己并不真心喜欢的人相伴。更甚，一些人被金钱名利遮蔽了双眼，还乐得在这种扭曲的婚姻价值观下选择伴侣。只是，当爱情过了用金钱粉饰的甜蜜期，开始了"柴米油盐"的日常生活，曾经的山盟海誓就不见踪迹。建立在利益基础上的婚姻注定不可靠，有的因贪荣求利，导致配偶遭殃，给家族招来耻辱，让家族由盛转衰；有的因婚后才露出自己隐藏已久的"小算盘"，于是夫妻之间又因金钱名利，劳燕分飞，各奔东西。

第三章 夫敬妇贤，以和为贵

婚姻当以感情为基础，当遇到了一个与自己心心相印之人，当倍加珍惜。

✱✱✱✱✱✱✱✱✱✱✱✱✱✱✱✱✱✱✱✱✱✱✱✱✱✱✱

百里奚是春秋时期的虞国大夫，深得秦穆公的赏识。在成为虞国大夫之前，百里奚的生活一片狼藉。

妻子杜氏与百里奚情投意合，两人婚后育有一子，生活十分幸福。只是家里十分贫穷，百里奚纵有一身本事，奈何无用武之地。他本想外出闯荡，干出一番事业，可一想到要抛妻弃子，便打消了念头。

杜氏心明眼亮，看出了百里奚的心事，便主动说："你有本事，应该趁着年富力强的时候出去闯一闯，难不成要等老了再出去吗？"在妻子的鼓励下，百里奚终于踏出家门。

临别当天，杜氏杀了鸡，煮了小米饭为丈夫践行，希望丈夫早日功成归来。却不想，夫妻一别竟长达30载！

外出闯荡的百里奚并不顺利，先后去了齐国、宋国，却没人发现他的本领。为了活下去，百里奚只能去乞讨。在这段艰难的岁月中，他曾回乡寻找妻儿，可乡里人告诉他，他的妻儿早已逃亡外地。无奈之下，百里奚又离开家乡，辗转各地，最后到了楚国，靠为别人放牛活命。

是金子总会发光，颇具才干的百里奚终于得到了秦穆公的赏识，秦穆公以五张黑羊皮为百里奚赎了身，并任命他为丞相。

多年后的一天，百里奚在府中举行酒宴，相府的一个洗衣女仆也前去看热闹，洗衣女仆远远望去，觉得丞相很像自己的丈夫。原来，这个洗衣女仆正是杜氏。

杜氏没有贸然上前相认，而是在堂下唱道："百里奚，五兰皮！可记得——熬白菜，煮小米，灶下没柴火，劈了门闩炖

· 41 ·

重家教 立家规 传家训 正家风

母鸡？今天富贵了，扔下儿子忘了妻！"百里奚顺着声音看向堂下，发现原来唱曲的正是与自己失散多年的妻子。"举于市"的百里奚不忘旧情，赶紧跑向堂下与妻子相认，而此时夫妻俩已经30年没见了。当时夫妻俩抱头痛哭的场景感动了宴会上的每一个人。

****

"婚姻素对"，指与清白的人结为伴侣。清白的人，是有情有义、正直善良的人。与这样的人配对，终生都会获得幸福。哪怕辛苦如百里奚和妻子杜氏，时隔30年未见，却仍然能在相见之时情深意切。

朱柏庐的《治家格言》中云：嫁女择佳婿，毋索重聘；娶妇求淑女，勿计厚奁。意思是说，嫁女儿要选择有才德、品行优良的女婿，切勿贪图贵重的聘礼；娶媳妇则要找德行好的女子，不要贪图丰厚的嫁妆。归根结底，在男女婚配上，人品才是唯一的衡量标准。

基于这一点，父母要做子女婚姻上的第一掌舵人，必须告诫子女，只看钱财不看重人品的夫妻不会过得长久。看重钱财、轻视人品，夫妻在相处的过程中往往会因为一丁点摩擦而使得矛盾升级，彼此都不懂得退让，没有缓和矛盾的心理，久而久之，夫妻感情破裂，分道扬镳。

4. 夫妻情深，不为家世背景所累

南宋袁采在他的训蒙读本《袁氏世范》中写道："男女议亲，不可贪其阀阅之高，资产之厚。苟人物不相当，则子女终身抱憾，况又不和而生他事者乎！"如果男女之间情深义重，那么绝不能以门第和财富作为衡量彼此感情的标准；假如双方在性情志趣上不匹配，勉强结为夫妻也只会让双方一生遗憾，更重要的是，夫妻不和也会惹出很多事端。

在我国古代，因门第观念及家世背景勉强将男女双方绑在一起，导致双方一生都不幸福的故事比比皆是。抛开时代的局限性，男女双方在结为夫妻之前，必须要以情投意合为基础，要有"结发为夫妻，恩爱两不疑"的信念。结为夫妻的男女需要相守一生，需要在柴米油盐的平淡生活中相互扶持，一旦夫妻双方的结合是建立在物质基础之上，那么很容易在日后的相处中产生嫌隙，就不利于形成恩爱和谐的夫妻关系。

****

卓文君是蜀郡临邛的冶铁巨商卓王孙的女儿，姿色出众，多才多艺。卓家资财雄厚，良田千顷，金银珠宝更是不计其数。相比之下，司马相如的家世差得很远。汉景帝时，他身为武骑常侍，后来追随梁孝王，梁孝王死后他便回到临邛，可谓"家贫无以自业"。

当时的临邛有很多富甲商贾，卓王孙在其中可谓数一数二，有童客（未成年的仆人）800人，晋大夫程郑也有数百名童客。两人打算办一场宴会，当时临邛令也到场了。时近中午，卓王孙派人去请司马相如。当时的司马相如虽然穷困，但才学出众，所以卓王孙为了附庸风雅，便请司马相如赴宴。起初，司马相如以生病为由表示不能到场，直到临邛令亲自登门，他才无奈赴宴。

酒过三巡，临邛令走到司马相如面前，递过一把琴，说："窃闻长卿好之，愿以自娱。"司马相如回道："为鼓一再行。"意思是会弹奏一二曲。此时的卓文君寡居在家，她也同样喜欢音乐，所以司马相如弹出的优美琴声吸引了她。卓文君对司马相如"时从车骑，雍容娴雅"有所了解，所以她便从门户中偷偷去看，不禁"心悦而好之"。

重家教 立家规 传家训 正家风

　　司马相如与卓文君可谓情投意合，尤其司马相如所弹唱的《凤求凰》中的那句"交情通意心和谐，中夜相从知者谁？"让卓文君想到：如果夜半私奔，是不会被人发现的。此时的卓文君虽然已经经历过一段失败的婚姻，但她并不想虚度自己的大好年华，便在心里打定了主意。

　　宴会结束后，司马相如让侍人以重金赏赐卓文君的仆人，以便让侍者转达自己的爱意。卓文君早已芳心暗许，便连夜去往司马相如的住处，与他一起前往成都。

　　卓王孙得知这一情况，不禁大怒："女儿不成大器，不长进，我不忍心杀她，但一分钱都不会给她。"旁人劝说卓王孙，但卓王孙根本听不进去。

　　当时的司马相如穷困潦倒，卓文君和他生活在一起"久之不乐"。这一天，卓文君对司马相如说："长卿，我们一起回临邛吧，向兄弟们借一些钱也可以维持生活，何苦如此穷困潦倒呢？"于是，司马相如便和卓文君回到临邛，变卖了车马，买下一家酒店，做起了贩酒的生意。

　　卓文君亲自迎来送往，招呼客人，司马相如则穿上犊鼻裤，与雇用的工人一起干活，在喧闹的街头洗涮酒具。

　　卓王孙知道后，顿感奇耻大辱，索性把自己关在家里。一些兄长和长辈相继劝说卓王孙，说："你有一个儿子两个女儿，家里现在也不缺钱财。眼下，文君已经成为司马长卿的妻子，司马相如虽然穷困，却是个难得的人才，是可以托付终身的。更何况他还是县令的贵客，为什么你要如此轻视他呢？"

　　无奈之下，卓王孙只好妥协，把100童客分给女儿，又派人送去很多嫁妆。就这样，司马相如与卓文君关掉酒馆，回到成都，最终幸福地生活在一起。

****

　　"愿得一人心，白首不相离"，这是卓文君写下的著名的《白头吟》

当中的诗句。他们的余生，也正契合了这两句诗。卓文君和司马相如感情稳定、生活幸福的前提是两人同心同德，且都没有被彼此的家世背景所累。这样的夫妻之情，才经受得住打击和磨难，不会因任何外力的介入而摇摆不定。

有的父母，在子女的婚姻问题上，把家世背景放在首位，不顾子女的真实情感。直到今天，"父母之命，媒妁之言"依然存在，影响着一些情侣走进婚姻殿堂。我们不能否定父母为子女付出的那份忧心与爱护，但男女双方有着至死不渝的情义，是完全能够冲破生活困扰的。

父母一定要扮演好自己的角色，无论家世背景如何，都要灌输给子女"夫妻之间若有深情厚谊，就不应让钱财权势改变"的观念。在这一点上，每个家庭的家风会起到至关重要的作用。如果某个家庭有贪图享受的风气，子孙后代也多是唯利是图者；如果子孙后代所受到的家庭教育和祖辈训诫多是积极正向的引导，他们自然不会过分看中资财、背景。

5. 彼此尊敬，才能长久恩爱

《于氏家训》中云："夫妇之间，当思一'敬'字。"一个"敬"字道出了夫妻相处的真谛。

古往今来，很多相爱的男女历经重重磨难才最终结为连理，然而当携手步入平淡的生活中时，激情不复的两人却总会败给鸡毛蒜皮一类的小事，渐渐地，貌合神离，甚至最终决裂，令人扼腕叹息。

夫妻矛盾产生的源头主要在于双方遇到问题时，都不善于甚至根本没想过站在对方的立场和角度，即不够尊敬彼此。双方都单方面认为已经结为夫妻，便无须再"相敬如宾"。殊不知，正是这种忽略和漠视，才使得原本浓浓的情谊越来越淡，直到曾经轰轰烈烈的爱情烟消云散。

　　夫妻能以感情为基础，共组家庭，是好事，但这也只是生活的开端。要想和谐相处，拥有良好的家庭氛围，离不开夫妻两人相互照应和尊敬。

✽✽✽✽✽✽✽✽✽✽✽✽✽✽✽✽✽✽✽✽✽✽✽✽✽✽✽

　　东汉时期，有一个叫梁鸿（字伯鸾）的人，虽然家境贫寒，但博学多才，又有德行。乡邻们都想把自己的女儿嫁给他，可已过而立之年的他却始终孤身一人。

　　当地县里的孟家是大户人家，孟家女儿孟光十分仰慕梁鸿的为人，所以有人提亲她也一概拒绝，眨眼间也30岁了。父母问孟光想找什么样的人，孟光回答："希望能找到像梁伯鸾那样品行端正的人。"这话传到梁鸿的耳中，他便决心娶孟光为妻。

　　结婚之前孟光让父母偷偷准备一些粗布衣衫和一些竹筐、纺车等物品，父亲很奇怪，孟光笑而不语。

　　结婚当天，孟光打扮得十分漂亮，伴随着锣鼓声进入了梁鸿家。仪式结束，乡邻都离开后，梁鸿却有点不高兴，一个人上床睡觉去了。整整七天，梁鸿都是这副样子，始终不理刚过门的新娘子。

　　于是，孟光跪在床边说："我一早就听说过您的品行，几次退了婚事。眼下妾身不知道您为什么不喜欢我，就在这里给您请罪吧。"

　　梁鸿说："我想找的是身穿粗布衣衫，脚穿草鞋，愿意吃苦的人，这样才能在我归隐山林时同行。但你身着华丽美服，画眼描眉，这样的打扮怎么能合我心意呢？"

　　孟光一听，心中暗喜，便说："妾身早已经准备了粗布衣衫，还有一些耕种、纺织用的器具。妾身之所以这样打扮，其实是想看看您的志趣而已。"说完，孟光将头上的装饰和华服美裙全部换掉，穿上了粗布衣衫，并在一旁熟练地纺纱织布。

梁鸿一看，不由得心生欢喜，笑着说："你果然是合我心意的人，是我的好妻子！"梁鸿又为孟光取了另一个名字——德曜，即德曜孟光，以表对妻子的尊敬。

没过多久，夫妻俩便隐居在霸陵山（今陕西西安西北）中，过着男耕女织的生活。耕作之余，梁鸿总会吟诵《诗》《书》，孟光则在一旁弹琴唱歌。夫妻俩的生活虽然清苦，却自乐其乐。

后来，梁鸿因为所作的诗触怒了汉章帝，为了避开追捕，他只好更名换姓，带着妻子逃亡到齐鲁之间，之后又几经波折到了江东会稽山下，在大户人家皋伯通家廊下的小屋里靠着为他人舂米为生。

每次吃饭，孟光都会把放着饭菜的托盘举到与眉毛一样的高度，以此表达自己对丈夫的敬爱。梁鸿也会以礼相待，双手按着地，之后接过托盘，然后两人一起吃饭。这便是"举案齐眉"的由来，意指夫妻之间互相尊敬。

梁鸿、孟光两夫妻互敬互爱、不慕名利的事迹后来广为流传，成为一段佳话。

****

夫敬则妇贤，妇敬则夫爱。在一段婚姻里，夫妻双方都要为维系婚姻的美满不断地付出，除了对家庭的付出，也要对彼此有付出，这其中包括对对方的尊敬。当然，我们所说的尊敬并不是像故事中那样每次吃饭都真的要托盘端饭，举到眉毛处，而是说要出于真心地敬爱对方，把对方放在心上。如此，在日常生活中，说话做事时就不会毫不顾忌对方的感受，凡事也会有商有量。

从家庭教育上，首先，父母要告诫子女，对待自己的爱人要时时怀有一颗尊敬心，让对方从心灵深处感受到重视，只有夫妻之间彼此尊敬，才为家庭和睦打好了基础。此外，为人父、为人母者要身教胜于言教。在夫妻相处中表现出尊敬，但这份尊敬并不需要任何花哨的形式，只要两人真心相爱，不想着控制对方、黏着对方，让对方只听命于自己，当看到对方满足时自己也满足，看到对方高兴时自己也高兴，这便会从内心深处自然地产生一种尊敬的情感和表现。在这样相互尊敬、和睦的家庭氛围中，子女也会受到潜移默化的影响，也就更能理解夫妻相处之道了。

6. 相伴终身，糟糠之妻不下堂

《诗经·邶风·击鼓》中云："死生契阔，与子成说。执子之手，与子偕老。"这句话本是描写战士之间的约定，要同生共死，永不分离的，后来常被形容至死不渝的爱情。不管是描写战士间的约定，还是形容永远厮守的爱情，"不分离"是这句话的主旨和内涵。应用在婚姻上，更能表达夫妻之间的情深义重。

古语云：贫贱之知不可忘，糟糠之妻不下堂。一个人发达了，不应该忘记昔日的贫贱之交，更不能抛弃与自己共患难的妻子。这体现的是一个人的品格、德行、修养，甚至是家教。

有些家庭的表现令人咋舌：当对方家世、背景显赫，父母便督促双方结为连理；一旦自身发迹，或是对方家道中落，遭遇困境，便落井下石，转身离去。这都是家风不正、家教不善的表现。因而，拥有正统、健康的家风家教的意义格外重要。

※※※※※※※※※※※※※※※※※※※※※※※

汉光武帝刘秀即位之初，京兆长安人（今陕西西安）宋弘任职太中大夫，后来代替王梁官至大司空，封枸邑侯。宋弘为人宽厚、爱惜人才，曾向朝廷推荐了30多位贤能之士。这些人都是品格高洁、见多识广的人，先后为朝廷立下功劳。

宋弘本人虽然位高权重，俸禄丰厚，可在生活中十分节俭，他把俸禄全都用来接济穷人，自己家里却过得很清贫。汉光武帝刘秀鉴于他的清廉，便封他为宣平侯。

宋弘与妻子十分恩爱，稍有遗憾的是，妻子没能给他生育儿子。古代有"传宗接代"的观念，亲友们便纷纷劝宋弘再娶一房妻子，为宋家延续香火，但是宋弘果断拒绝了，他说为人要懂得感恩，不能做忘恩负义的事情。

汉光武帝刘秀的姐姐湖阳公主当时正在守寡，为姐姐另觅一位如意郎君成了刘秀此时的心头要事。他问姐姐是否有中意的人，湖南公主说："我听闻宋弘人品高洁，朝中百官没有人能与他相提并论。"刘秀马上明白了姐姐的意思，当即答应帮姐姐说媒。

这一天，上过早朝后，刘秀便留下宋弘商议国事，还事先让姐姐躲在屏风后面留心观察。刘秀不动声色地问宋弘："谚语说，升官之后要换朋友，发财之后要换妻子，这是不是人之常情呢？"宋弘答道："不管贫富贵贱，都不能忘记曾经的朋友；即使自己的妻子已经老得如同糟糠，也要不离不弃。"

刘秀听完，借故来到屏风处，轻声地对姐姐说："你听到宋弘刚刚说的话了吧，姐姐还是另觅贤夫吧。"成语"糟糠之妻"也由此得来。

※※※※※※※※※※※※※※※※※※※※※※※

糟是酿酒时剩下的残渣，糠是谷物的壳，"糟糠之妻"即与自己一起吃过糟糠，共患难的妻子。宋弘能够与妻子荣辱与共，从不嫌弃妻子，他的高尚品格不言而喻。

有句话叫"夫妻本是同林鸟，大难临头各自飞"。从古到今，有了金钱和地位而抛弃糟糠之妻者有之，因嫌弃妻子，不念夫妻恩情者亦有之。这样的人自然是无德之人，也是没有家教的表现。他们在狼狈潦倒之时，尚且能与妻子相互扶持，一旦脱离困境便露出本性。

为人父母者也必须引以为戒，要为子女树立正向、积极的良好家风，若是发现自己的子女，有嫌弃或有辜负配偶的行为，父母要及时制止子女并加以纠正，由此才能确保家庭和谐，家族昌盛。

第四章
兄友弟恭，孝悌传家

兄弟姊妹如同手足。在家庭中，父母应有意教导兄弟姊妹之间和睦相处，大的对小的需友爱，充满关怀之情；小的对大的则要恭敬、尊重，无论发生什么事情都要平心静气、耐心对待。

重家教 立家规 传家训 正家风

1. 手足之情深似海

西晋大臣王祥的《训子孙遗令》中云:"兄弟怡怡,宗族欣欣,悌之至也。"此处的"兄弟"不仅局限于哥哥弟弟,而是指兄弟姊妹,意思是兄弟姊妹融洽,家族才能和睦兴旺,也就达到了悌的最高境界。《弟子规》中也有"兄道友,弟道恭,兄弟睦,孝在中"的醒世佳句。这两句都在传达一个道理:兄弟姊妹之间要和睦相处,这样才能营造和谐的家庭氛围。

"兄友弟恭"是传统家训中着重强调的一个方面,也是现代社会十分看重的一种亲情体现。在很多家规家训中,都描述了兄弟姊妹之间手足相连、唇齿相依的情形。兄弟姊妹在血脉上相生相连,这份骨肉亲情既不可改变,也是其他很多社会关系所取代不了的。

✻✻✻✻✻✻✻✻✻✻✻✻✻✻✻✻✻✻✻✻✻✻✻

东汉初期,有一个叫赵孝的沛国蕲人,因"兄肥弟瘦"而千古留名。

长兄如父,赵孝对弟弟赵礼关爱有加。他不仅以高标准严格要求自己,还时常以礼义教导弟弟以后要做一个有功于国的人。

后来,天下大乱,强盗贼人四起。一次,赵礼被一群强盗抓住。赵孝得知消息后,涕泪横流,急得如热锅上的蚂蚁。为

· 52 ·

第四章 兄友弟恭，孝悌传家

了救出弟弟，赵孝把自己捆绑起来然后找到强盗，对首领说："我弟弟又瘦又小，现在更是饿得不成样子，而我长得很肥胖，就用我的命来换弟弟的命吧。"

首领一愣，厉声道："难道你不怕死吗？"赵孝回答："兄弟如手足，眼下弟弟受难，做哥哥哪里有见死不救的道理？苟且偷生枉为人！我赵孝说一不二，你们放了我弟弟吧，然后把我杀掉！"

听了赵孝的话，首领非常感动，便为他们兄弟二人松绑了，并说："你倒是个有情有义的人，现在你马上回去弄一些粮食，不然我还是会杀掉你！"

赵孝让弟弟回家后，他便一个人四下找粮食。当时闹饥荒，老百姓多以草根、树皮充饥，哪有粮食呢？找不到粮食，赵孝又回到强盗窝，对首领说自己实在找不到，愿意以自己的性命赔偿。首领和一众强盗深深为赵孝的信义所折服，便放他回家了。而周围的百姓也跟着受益，免遭了强盗的洗劫。百姓们自发地上书朝廷，希望可以表彰赵孝的高尚品格。

永平年中，汉明帝刘庄鉴于赵孝的品行，把原是郎官的赵熹提升为谏议大夫、侍中，赵孝的弟弟也被提拔为御史中丞。兄弟同朝为官，一心为国，深得汉明帝和当朝大臣的推崇。而赵孝为弟求死的事迹也传颂开来，成为一段美谈。后来，人们便用"兄肥弟瘦"来形容兄弟之间的深厚情谊。

※※※※※※※※※※※※※※※※※※※※※※※※※

案例中的兄弟情义感动了强盗，可见这份情义的力量。手足之间的情谊割舍不断，无论何时何地，无论多大的变故，也改变不了同为手足这一事实。在教导子女上，父母要传递"兄友弟恭"的观念。要告诫子女，人的一生之中，除了父母和子女，与自己有血缘至亲的便是兄弟姊妹。

生活中，一些人在与兄弟姊妹相处时并不"细心"，偶尔会说出一

重家教 立家规 传家训 正家风

些伤害兄弟姊妹间感情的话、做出一些损伤情谊的事情，但那些话和那些事可能并非出于本意。不久，那份隔阂会自动烟消云散，由此，也进一步佐证了兄弟姊妹这种天然情感的修复力量。

****

古州状元贤臣杨云翼，祖上久居赞皇坛山，后来六世祖搬迁至平定乐平。他的曾祖杨青喜欢读书，并常以"至诚"之道教导儿孙："圣人之道无它，至诚而已。诚者何？不自欺之谓也。盖诚之一物，存诸己则忠，加诸人则恕。吾百不及人，独此事不敢不勉耳。若等能从吾言，真吾子孙也。"这番训诫也成了杨氏家族的家训。

杨云翼天资聪颖，后来考中状元，走向仕途。他在政治上忠诚正直，在生活上也总是能为家族成员做出表率。他很推崇孝悌友爱的家风，对于兄弟关系更有一段精妙的言论："兄弟之间，要是像兄弟一般对待，很容易会发生不可容忍之事，所以要像对待父母那样对待他们。"别人不解其意，他便解释道："父母逝去，我再也看不到他们了。现在只能看到兄弟，这不就相当于通过他们看到父母了吗？内心一旦产生这样的念头，就算兄弟之间百世百代同居下去也是没有任何问题的。"

杨云翼还有两个弟弟，分别是杨仲翼和杨叔翼，他对两个弟弟也非常友爱，甚至把财产都分给两人。他姐姐的丈夫死后，带着两个小外甥投奔他，他也很快将他们安置在官署中。但当时有律例规定远亲和外亲留任所满百日，就要搬迁至外地避嫌。杨云翼便把姐姐的情况如实上报朝廷，最终朝廷破例将他们孤儿寡母留下。

杨云翼也精心培养姐姐的儿子，后来，两个外甥都出人头地，成了名士。

****

《曾国藩家书》中说："兄弟和，虽穷氓小户必兴，兄弟不和，虽世家宦族必败。"兄弟姊妹齐心，虽然眼下是贫穷的小户人家，日后也有兴盛发达的可能；兄弟姊妹不和睦，再显贵的家族也必然会走向衰败。兄弟姊妹皆仁义，家族才能一片和气！

2. 同本同源，同进同退

翻阅历史可以发现一个很"有趣"的现象：有的人可以结交天下人，与每个人都能够和睦相处，建立长久的友谊，可对自己的兄弟姊妹却做不到恭敬。还有的人可以统领千军万马，并让部下誓死效忠，对自己的兄弟姊妹却不讲道义。为什么他们对没有血缘关系的人恭敬、亲切，对一脉同源的兄弟姊妹却背离仁义、十分疏远呢？

导致这些人有这种心理的根本原因，便在于他们没有"兄友弟恭"的概念，他们根本没有把兄弟姊妹放在心上，不认为兄弟姐妹之间的感情会胜过自己搭建的其他社会关系。

真正的兄弟姊妹如同救命稻草，始终会在你最需要的时候出现，并施以援助之手。兄弟姊妹的情义应该是纯粹、干净，不掺杂丝毫利益，没有孰是孰非，更无谁对谁错的，它完全是血浓于水的亲情。

****

高泽军是河北省廊坊市固安县渠沟乡北罗垡的一个普通村民，他出生在一个穷苦之家，家中共有兄弟姐妹7人，他排行老五。13岁那年，父亲去世，为了不给家里增加负担，小学二年级的他选择了辍学。后来他应征入伍，5年后退伍回乡，而后他与已经高中毕业的弟弟高泽民一起担起了养家的重担，想让辛苦了一辈子的母亲享享清福。

然而，不幸的是，就在高家即将开启新生活时，才20岁的高泽民却患上了类风湿性关节炎，全身骨关节粘连，彻底瘫痪了。

这时的高泽军已经成为鞋厂的骨干，有稳定的收入，他见原本活蹦乱跳的弟弟一下子瘫痪在床上，永远不能再走路，不禁万分难过。其他的兄弟姐妹都在外地工作，无法赶回来，所以照顾弟弟和母亲的担子就自然落在了高泽军一个人身上。

高泽军的单位在县城，与家里相隔15公里，但他时常抽空回家。工作之余也会四处打听治病良方，希望可以找到让弟弟重新站起来的办法。可是，即使到北京的医院医治也没有得到更好的效果。

1979年，高泽军经人介绍与李秀丛相识。婚后，两人的生活越来越好，高泽军升职为车间主任。但无论生活如何变化，不变的是高泽军一如既往地对弟弟的照顾。

1986年，考虑到年迈的母亲本就身体不好，再加上照顾弟弟就更吃不消了，高泽军瞒着妻子找人代写了辞职申请。领导见厂里的骨干要走，说什么也不放。过了没多久，高泽军第二次递交了辞职申请，言辞恳切地说辞职回乡是为了照顾生病的弟弟。领导大为感动，承诺高泽军可以先回去照顾弟弟，等弟弟病好了就回来，工资照发。

高泽军回去照看了一段时间后，意识到弟弟不可能康复，便决定正式辞职。这一次，他没有隐瞒妻子，妻子也十分理解，帮他写下第三封辞职申请。就这样，高泽军回到家里，一边照顾弟弟一边种地。妻子李秀丛很心疼丈夫，后来也辞掉自己化肥厂的工作，和丈夫一起撑起了他们的家。

高泽军三十年如一日地照顾弟弟吃喝拉撒，邻居们都说，有这样的哥嫂，真是高泽民几辈子修来的福气。有人问高泽军这些年累不累，有没有过后悔？他回答说："兄弟之间，付出多少都是应当的。"

****

孝悌之道，在高泽军身上得到了完美的诠释。他本来可以拥有更富足惬意的生活，但在兄弟情面前，所有的个人享受都被他统统抛在脑后。他用自己的实际行动诠释了同本同源的兄弟情，他的举动也潜移默化地影响了自己的妻子。

"同气连枝各自荣，些些言语莫伤情。一回相见一回老，能得几时为弟兄？"兄弟之间的情谊是无法用其他东西衡量的，它是一种天然的情感，纯净、无杂质，彼此间的那份情谊自然而然。拥有兄弟之情是来之不易的，因而要格外珍惜，兄弟之间应相亲相爱，不离不弃。

在家庭中，父母要教导子女"悌"的观念，把"兄友弟恭"纳入家风家训之中，让子孙后代承袭下去，这样才会让家族越发兴盛。

3. 友爱和睦，不做伤情损义之事

在中国传统的文化中，"兄友弟恭""兄弟阋于墙，外御其务"等已经清晰准确地阐明了兄弟之间应当形成的一种相处方式。

每个人都有各自的秉性习惯，再好的亲兄弟姊妹也会发生争执，兄弟姊妹之间发生争执和矛盾不可怕，可怕的是彼此记恨，势如水火，甚至把对方当成仇人，那样会有损彼此的情谊，是万万不可的。

重家教 立家规 传家训 正家风

****

2019年，通州法院开庭审理了一起兄弟为争遗产而大打出手的案件。在此案中，弟弟手持斧头将哥哥砍伤。

涉案的两兄弟哥哥叫朱秦，弟弟叫朱汉，兄弟俩从小一起长大，感情很好。但成人之后，却因为遗产纠纷而大打出手，多年的感情也因此破裂了。事件的起因源于朱汉收到的几封信。

朱家共有三兄弟，除了他们俩，还有一个弟弟叫朱唐。2013年，他们的父亲去世了，没有留下什么遗产，只有一栋房子。因为姥姥尚在人世，朱秦一直住在里面，三兄弟也没有就这栋房子进行分配。

一天，朱汉收到朱秦的两封信，信中说他之前赡养姥姥很长时间，所以他希望母亲和其他两个弟弟偿还自己赡养姥姥的一部分钱，总共应当支付自己136万元的赡养费。朱汉与母亲生活在一起，所以他没钱支付，朱秦便放出狠话：谁阻拦他要钱，他就砍谁！

按照朱秦的说法，他从1985年到1992年一直赡养姥姥，衣食住行都是他负责的。当时他每个月只有66元的基本工资，虽然每年可以得到上千元的奖金，但在赡养姥姥上，他每个月会支出50元钱，还会带姥姥外出旅游。

1992年姥姥生病，朱秦支付了6000多元的医疗费，姥姥去世后他也支付了一些丧葬费。所以他打算把自己当初在姥姥身上支出的钱都要回来。于是，他按照当时的物价进行了折算，才得出了136万元这个数字。

朱秦的算法遭到了朱汉和朱唐的质疑和反对。两人知道朱秦当初的确花了不少钱，也愿意承担一部分，但不可能拿出136万元。最终，朱唐提议卖掉房子，再分家产，可朱秦不同意卖房，坚持索要 136 万元的补偿。

三兄弟的母亲年事已高，得知他们的矛盾后对他们说："我不在之后，你们想怎么分就怎么分，房子卖掉分钱也没关系，但我在世的时候，希望你们三兄弟能和睦相处，不要因为钱财反目成仇。"

2018 年 10 月 1 日，三兄弟聚在母亲的房子里商议遗产分割问题。在谈论的过程中，朱汉建议朱秦坐在餐桌边继续谈，但朱秦没有说话，朱汉便推了他一下。然而大家都没料到的是，朱秦马上从背后抽出一把斧头，叫嚷道："谁敢拦我我就砍谁！"说着他挥动着斧头砍向朱汉。朱汉一闪，躲了过去，一把抢下朱秦手中的斧头，对着朱秦的头和胳膊砍了下去。

一旁的朱唐见势不妙，急忙劝架，可在劝架的过程中三叉神经病发作，双腿使不上力，便马上报了警。

警察赶到现场时，双方已经停止打斗，朱汉坐在地上气喘吁吁，朱秦的头部和胳膊等有多处伤口，已经构成轻伤一级。好好的一家人，就因为钱财，受伤的受伤、受制裁的受制裁，实在令人唏嘘。

****

相信当朱秦和朱汉兄弟俩都冷静下来之后，都应该会深刻地反省自己，并因自己的行为后悔。或许也会想起老母亲当初对他们说的话。老母亲让他们兄弟和睦相处，这既是母亲的期望，也是对两个儿子的教诲，但兄弟俩却反目成仇，十分可悲。

"本是同根生，相煎何太急"，一家人无论何时都可以坐下来心平气和地商量，无论什么事情终归有妥善的解决办法，但有些人往往缺乏这种耐心，更愿意采取"简单粗暴"的方式快速解决，于是很容易造成冲突，双方谁都不想退步。在这种情况下，"同根生"之情就成了一种额外的"阻碍"——正因为你是我兄弟姐妹，我才讲了情面，不然……这样的内心潜台词充斥于他们内心，唆使他们造成了无法挽回的局面。

兄弟姊妹间的友爱、和睦是一个家庭最大的幸运，也是令父母最欣慰的事情。兄弟姊妹之间要学会换位思考，哥哥姐姐不能因为自己年岁大而说一不二，不顾及弟弟妹妹的感受；弟弟妹妹也不要辜负哥哥姐姐对自己的教导和期望。只有兄弟姊妹友爱相处，才会家道兴盛。

✵✵✵✵✵✵✵✵✵✵✵✵✵✵✵✵✵✵✵✵✵✵✵✵

陈世恩是明神宗时期的进士，他的哥哥是举人，弟弟则游手好闲，终日在外游荡，每天早出晚归，也没有做什么正事。大哥几次三番劝弟弟不能再这样下去，可弟弟根本听不进去，不肯改过，每天还是和一群狐朋狗友来往。

陈世恩见此情形，经过与大哥一番商量，决定由自己来规劝弟弟。当天晚上，陈世恩拿着院门的钥匙在门口等待弟弟归来。弟弟回来后，见二哥在等自己，不禁有些诧异。陈世恩说："赶紧进屋吧，外面很冷！"

第二天一早，弟弟像往常一样又出去闲逛了，一直到深夜才回来。陈世恩也像前一天那样，仍然在门口等着，而且特地给弟弟泡了茶，还嘱咐他早些休息。这下弟弟说什么也睡不着了，如果二哥也像大哥那样数落自己几句，倒也无妨，可二哥并不责怪自己，深更半夜还对自己嘘寒问暖。回想自己每天不务正业、花天酒地的样子，弟弟觉得很惭愧。

接下来的几天，在外玩乐的弟弟内心逐渐发生了变化，眼前开始浮现出二哥在院门口等待自己的情形，便想提前回家。朋友们不禁嘲笑道："你是不是害怕回去晚了，等着你的是大棒槌啊！"无奈之下，弟弟又和他们玩到深更半夜才回去。不出意外地，陈世恩仍然在等他，还关切地询问身体有没有不舒服。

弟弟羞愧难当，不禁当场"哇"的一声哭了出来，跪倒在地说："二哥，我错了，请责罚我吧！"自此，弟弟奋发图强，脱胎换骨一般，与酒肉朋友划清了界限，并在两位哥哥的悉心教导下成了一个有德之人。

****

陈世恩能成功规劝弟弟，是因为他劝慰弟弟时讲求方法。他出于至诚之心，发自内心地为弟弟着想，让弟弟感受到了真挚的兄弟情。

家庭是温馨的港湾，生活在一起的兄弟姊妹都要以和为贵，明大礼、晓大义，团结友爱，不做伤情损义的事情。只有兄弟姊妹之间同心同德，互相友爱，才能共同抵御风雨，渡过难关，也才会由此形成"兄友弟恭"的家庭风气，并会对自己、对家庭的其他人员产生积极影响。

4. 同根相生，心与心相连

"煮豆持作羹，漉菽以为汁。煮豆燃豆萁，豆在釜中泣。本是同根生，相煎何太急？"曹植的这首《七步诗》写出了兄弟姊妹之间不应该相互残害的道理。同胞的兄弟姊妹原本血脉相连，最终却一个要杀掉另一个，这有违天理，也是人世间的情理所不能容忍的。而那句"本是同根生，相煎何太急？"也成了千百年来人们规劝兄弟姊妹之间应相亲相爱，不要自相残杀的佳句名言。

一个家庭的和睦有赖于每个家庭成员的悉心维护，兄弟姊妹之间往往容易因钱财产生分歧，从而滋生矛盾。如果兄弟姊妹不和，相互充满猜忌，就很难形成互敬互爱的温和风气。兄弟姊妹同想一处，拧成一股

重家教 立家规 传家训 正家风

绳，且重视个人修养和德行的提升，这是让家庭一团和气的重要前提。

司马光的《温公家范》中记载，伯夷和叔齐是商朝末年孤竹国君的两个儿子。父亲在世时，想把王位传给叔齐，但等他去世后，叔齐却要让伯夷继位。伯夷不愿意接受，说："这是父亲的遗命啊。"于是他只身逃亡外地。叔齐也不愿继位，一样逃走了。国不可一日无君，最终国人只能拥立孤竹君的第三个儿子为王。

伯夷与叔齐都不愿接受王位，并不是他们本心不想治理国家，而是不愿与兄弟因王位继承而产生嫌隙和矛盾，所以宁愿"出逃"也要让贤。可以看出，伯夷和叔齐都是只求和睦和顺，不求富贵名利的人，他们十分顾念兄弟手足之情。

兄弟姊妹当重视手足之情，相互善待、厚待，同时也要悉心经营这份纯粹的亲情，不把功名利禄掺杂于其中，方能让这份情谊长存于彼此心间。

****

李光进和李光颜兄弟二人原本住在河曲（今青海东南黄河曲流处），后来搬到了太原（今山西太原晋源区）。他们原本姓阿跌氏，后来因战功显赫被赐为"李"姓。李光进历任朔方军裨将、渭北节度使、灵武节度使等职，封武威郡王；李光颜历任忠武军节度使、凤翔节度使、河东节度使等职。兄弟俩骁勇善战，都曾参加过平定安史之乱的战争以及后来与藩镇之间的战争。

兄弟二人在战场上携手杀敌，在生活方面也彼此照应，孝敬父母，互相谦让，为世人所称颂。母亲去世后，兄弟俩为母亲服丧，三年不归寝，以此表示对母亲的思念。

平日里，兄弟俩关系融洽，相处和谐。弟弟李光颜先娶了妻子，有了家室。那时母亲还在世，便把所有的家事交由儿媳妇，让她统管家务。母亲去世后，李光进也娶了妻子。这时李光颜为了表达自己兄嫂的尊重,让妻子仔细清点家中财物,然后把钥匙交给了兄嫂。

不过,李光进却让妻子把钥匙还回去。他对弟弟李光颜说:"虽然我是兄长,不过从弟妹开始侍奉母亲起,母亲就已经把所有家事交给弟妹统管,眼下绝不能因为我娶了妻子就改变原来定好的一切。所以这件事万万不能改变。"

兄弟俩手足情深,心与心相连,此刻都被对方的善意和友爱所感动,不禁手拉着手,泪如雨下。就这样,李家的家事还是由李光颜的妻子统管。

****

李氏兄弟之间兄友弟恭,相互谦让、友善,彼此重视手足之情,是促成一家人和睦相处的根本原因。

"兄友弟恭,孝悌传家"理应被倡导。"悌"这个会意字很有深意,左边一个竖心旁,右边一个弟字,意思是心在弟的旁边,表示兄长要对弟弟妹妹充满关爱之心。此外,弟有"次第"的意思,意指当弟弟妹妹的对兄长应怀有恭敬、顺从之心。兄弟姊妹之间做到了"悌",于父母而言则是一种孝。

孝悌之道,却被很多人所忽略。当今,在很多案例和故事中出现姐妹反目成仇、兄弟针锋相对的现象。为什么在社会持续地发展、文明不断地进步的大背景下,人们的孝悌观念却变得淡薄了?归根结底,是因为人们过度追逐生命中的物欲,忽略了最能让人心变得强大和充满能量的因素。此外,很多父母也不再重视"悌文化",没有教导子女要"兄友弟恭"。所以,无论是父母还是子女都应该适当放缓脚步,回头看看传统中蕴含着的精华,这有助于我们的人生路走得更广。

第五章
严守规矩，心有方圆

正所谓"没有规矩，不成方圆"，守规矩是一种文化的传承和发展。没有规矩，一切制度都将成无根之木、无水之源。无论居家还是在外，都要做到行为有规范、说话有分寸、做事有尺度，要率先在心中树立规矩意识。

重家教 立家规 传家训 正家风

1. 家规不严，难树清正之风

国有国法，家有家规。一国有一国的法令制度，用于约束国民做符合规范的事情，一个家庭的家规也是如此。家规既是教养，也是礼仪，对家族成员的一言一行都会起到良好的规范和指导作用。一个家庭若没有家规，就像一支部队没有纪律一样，到了战场必然溃不成军。

好的家规会教育出优秀的子女，也会让一个家族越来越兴盛。那么，何为好的家规？虽然见仁见智，但只要有助于子女心性、思想和行为的成长以及提升，能够帮助他们树立正确的世界观、人生观、价值观，让家庭永葆一股清正之风，便是好的、值得宣扬和传承的好家规。

****

战国时期，齐国宰相田稷子是个做事认真，处事公平的人。当上宰相后，他的俸禄并不够丰厚，加之他为官清廉，从不收受他人钱财，所以家里过得并不富裕，他也常常为不能更好地赡养母亲而忧心忡忡。

一次，一位下属来拜望田稷子，其实是想托他办事，直接送上了百镒黄金，说是孝敬老夫人的，田稷子推辞不过，便收下了。田稷子把黄金送去给母亲，田母看着黄金，脸上不仅没有丝毫笑意，反而满是疑惑，她问田稷子："你已经当了三年宰相，从没看到你有过如此丰厚的俸禄，难不成这是搜刮民财、收受贿赂得来的？"

田稷子结结巴巴地告诉母亲，是一个部下送来孝敬她的。

田母一听，当即震怒："我对你的教诲难道你都不记得了吗？你这样做有违正直君子的德行啊！快说，这些黄金是从哪来的？"

田稷子马上跪倒在地，流着泪说："孩儿不曾忘记母亲的教诲，这些黄金的确是一个部下送来的。他知道母亲大人身体不好，便让我代为转达心意。孩儿每天处理繁杂的公务，不能守在母亲身边尽孝，十分惭愧，就请母亲收下这份心意吧！"

田母听完，更加生气了，厉声责骂道："你自己腐败堕落，难不成要让我和你一样毁了一世英明，成为不忠不义之人吗？"

田母又说："我听闻有德行的君子，行为纯洁，绝不会随便取用不应得的报酬；办事也会尽心竭力，信守承诺，不欺不诈，做事合乎情理，不会把不正当的钱财拿回家里，言行一致，表里如一。现在，你身为一国宰相，俸禄也算优厚，要全心全意办好国家的事情，尽忠职守，廉洁公正，这样才能避免灾祸。但你的做法却有悖于此，上欺国君，下负百姓，实在不能算是忠臣，更违背了我对你的教诲，真让我痛心！做大臣不忠，与做儿子不孝一样。我不要不义之财，也不要不孝的儿子！"

田稷子听完母亲的这番话，顿觉脸上火辣辣的，忙说："孩儿不孝，全凭母亲责罚！"

田母说："马上将金子退回去，并向宣王请罪，让国君来责罚你吧！"

田稷子马上照母亲的话去办，先把黄金退还回去，然后亲自入宫请罪。他跪在齐宣王面前，表示自己有愧于大王的信任，并把母亲对他的训诫说了一遍。齐宣王听完，对田母的为人大加赞赏，也十分敬佩田母能够如此严格地教子。他决定赦免田稷子的死罪，还下令赏赐田母千金，并诏令天下学习田母的廉洁清正和教子以严的作风。

重家教 立家规 传家训 正家风

田母及时制止田稷子收受黄金，一方面是让他克己奉公，不贪不占，另一方面也是让儿子做到"慎初"。如果一次收受贿赂，那么就会有第二次、第三次……久而久之，便不觉得收受贿赂是多么严重的事情，到头来只会栽跟头。

韩非子说，万物莫不有规矩。世间万事万物都要遵循一定的规矩。一个人没有规矩会陷入困境之中，一个家庭没有规矩会迅速衰败。严格的家规是约束子女的"紧箍咒"，有助于子女成为清白之人，家庭形成清正之风。

家规，可谓是一切规矩之源。子女幼时被父母教育的那些"不能""不准"之事，会成为他们成年之后内心深处恪守的行为准则。严格的家规有助于规范人们的一言一行，以养成遵规守纪的习惯。严守家规，更能让人自我反省、自我监督、自我纠正，促使人们在迷失中找到前行的方向，从而无所畏惧、一往无前。

2. 知法、守法，不乱用权

"治家之宽猛，亦犹国焉。"意思是治家的宽仁与严格，就像治国一样。治家如治国，管理好一个家庭的难度不亚于治理国家。家庭是社会的基本单位，如果每个家庭都能从严而治，那么整个国家也更容易繁荣兴盛。

在治家上，父母要对子女提出严格要求，让子女们懂得守法的重要性。当子女手中掌权时，更要提高警惕，教导他们切勿滥用职权，以损法度的威严。

第五章 严守规矩，心有方圆

李景让，字后己，今山西文水东人。他的父亲很早便去世了，母亲郑氏一人将他们兄弟几人抚养长大。郑氏是一个性格严明的人，对儿子们的教育非常严格。

唐宣宗时期，李景让被任命为浙西观察使。一次有一名侍卫头领违背了他的意思，李景让举杖将他打死了，这下惹了众怒，军中将士一个个跃跃欲试，眼看着就要出乱子。郑氏知道这个消息后，便从屋子走出来，当时李景让正在官厅办公。郑氏坐在厅堂之上，然后让李景让站在院中，厉声责骂道："皇上给了你镇守一方的重任，国家刑法，难道是你可以随意凭借个人喜怒而施用的吗？你怎么可以随意杀掉无罪之人？万一造成一方动乱，不但辜负了朝廷的信任，就连垂垂老矣的我也会羞愧而死，你还有什么颜面去见历代先祖？"

说完，郑氏让侍卫把李景让的衣服剥掉，坐在厅中，鞭打他的脊背。李景让手下的将士们见状，不禁怒气全消，都纷纷为他求情。过了好一会儿，郑氏才把李景让释放，军中的情绪也终于安定了下来。

毫无疑问，郑氏是个处事以公的人，不因为李景让是自己的儿子便徇私。郑氏知道李景让的做法不妥，所以她当众鞭打儿子，意在平息众怒，避免发生动乱。她也用这种办法让儿子知道法纪的威严，执法者不可以滥用职权。郑氏作为母亲的良苦用心可见一斑。

在现代社会，很多人很难做到像郑氏这样教导子女守法遵规，在他们眼中，子女意味着一切，他们过度宠溺子女，为了子女甚至可以牺牲原则。为父为母者对子女的疼爱和保护可以理解，可溺爱并不是真正的爱，它会吞噬子女心灵，并将他们推向歧路。

更可悲的是，一些手中掌握权力的父母不但不为子女树立家规，自己本身也知法犯法，滥用职权，终而害人害己。

重家教 立家规 传家训 正家风

✳✳✳✳✳✳✳✳✳✳✳✳✳✳✳✳✳✳✳✳✳✳✳

2014年初，一则在某市举行的豪华婚宴在网络上曝光后，立刻掀起轩然大波。为儿子举办婚礼的于某是省水利厅党组书记、厅长，可谓位高权重。平日里，于某就溺爱儿子，"教子以严"的念头从不曾出现在他的脑海中出现过。

中央八项规定精神对党员干部有着严格的要求，于某对此一清二楚，但要结婚的可是自己的宝贝儿子，所以他不惜铤而走险，知法犯法。为了掩人耳目，他将婚宴地点选在北京的一家高档酒店。就这样，机关、系统的多名干部以及与水利项目有关联的老板们纷纷赶去北京，将礼金放下后迅速离开。

这些参加婚礼的人自然各怀鬼胎，而于某也心知肚明。事后经核算，于某一共收受礼金达300多万元。

于某在生活上也很潇洒，私底下穿的用的都是名牌，对儿子更是"一掷千金"，曾先后斥资为儿子在北京购买了两套房子，花费上千万。同时，他对儿子"只养不教"，曾一次次包庇，甚至纵容儿子的违法行为，最终导致儿子走上违法之路。父子俩的结局不难想象，一个被"双开"，一个因犯罪锒铛入狱。

✳✳✳✳✳✳✳✳✳✳✳✳✳✳✳✳✳✳✳✳✳✳✳

于某与他的儿子都是知法、懂法的人，可两父子却都做不到守法，说到底，是因为家庭中缺乏必要的家规。在现代社会，我们所要制定的"家规"即便无须像中国古代一些家庭那样，有着极为严格且清晰的条条款款，可仍然要让子女对一些原则性问题做到内心有尺度、行为有准则。

不做违法乱纪之事、不做违背良心之事、不做伤天害理之事，这应当是每个家庭都理应制定的"家规"。然而，很多越是手中掌权的人，越是对此熟视无睹，规矩、法度在他们眼中不值一提。甚至他们把自己当成了法律的"执行人",试问这样的家庭,又如何"教子有道、育子以严"呢?

《庭训格言》中云:"父母之于儿女,谁不怜爱?然亦不可过于娇养。若小儿过于娇养,不但饮食之失节,抑且不耐寒暑之相侵,即长大成人,非愚则痴。"父母对子女的疼爱自不待言,可过于娇生惯养,让他们在没有任何约束的条件下"自由"生长,不遵规矩、不懂法纪,这根本算不上真正的疼爱,反而会害了他们。

西汉隐士严遵说,心如规矩,志如尺衡,平静如水,正直如绳。有规矩、讲原则的人才能内心方正平静,没了规矩则会失去立足之基。做人做事严守规矩,心中才会有尺度,才会明白什么事情该做,什么事情不该做。

3. 细节方能显规矩

越是细枝末节,越能体现出一个人懂礼知仪程度。

如果说尊老爱幼、宽容博爱、善待他人或重礼谦让一类的家规让人觉得太过宽泛,那么体现在细节和小节上的规矩,便更能具体地约束一个人的各个方面。

★★★★★★★★★★★★★★★★★★★★★★★★★★

战国时期思想家、教育家、政治家孟子,是儒家思想的代表人物之一,被后世尊为"亚圣",因为他仅次于"圣人"孔子。说起来，孟子能够取得这样的成就，与他母亲对他的严格教育密不可分。

孟母可谓是集慈爱、严厉和智慧于一身的代表，因她而来的"孟母三迁""孟母断织"都是极富教育意义的典故，对后世有着巨大的引导和警示作用。而孟子在长大成人，甚至是娶妻之后，孟母依然在生活中教导着、启发着他，以逐步提升、完善他的人格。

一次，孟子的妻子正在房间里休息，当时她独自一人在屋内，也没什么好顾忌的，便直接叉开双腿坐在那里。这时孟子推门而入，看到妻子的这副坐姿，不禁非常生气。

古时候，双腿叉开坐着叫作"箕踞"，是一种不拘礼节、傲慢又不敬的坐姿，总之非常不礼貌。孟子见妻子是这副样子，当时一句话也没说，转身走了出去。他看到母亲后，便说："我要把妻子休回娘家去。"孟母好奇地询问原因。孟子说："她很不懂礼貌，也没有一点仪态。"孟母追问他为什么说妻子没礼貌。

孟子回道："她直接把双腿叉开，箕踞向人，所以我要休了她。"孟母又问："你是怎么知道的呢？"于是，孟子把自己刚刚推门而入看到的情形告诉了母亲。孟母听完，对孟子说："说起来，你才是没有礼貌的人，而不是你妻子。"孟子一头雾水地看着母亲。

孟母解释道："你是不是忘了《礼记》上是怎么教人的了？进入房间之前，首先要问问里面是谁；走上厅堂时要高声说话；为了不窥见他人的隐私，进入房间后，眼睛也会刻意往下看。你想想看，卧室是个人休息的地方，你既没有高声说话，也不低头，就闯了进去，已经失礼在先，又怎么能责怪他人没礼貌呢？这么看来，没有礼貌的人是你啊！"

孟子听了母亲的话，不禁心悦诚服，也不再说休妻之类的话了。

✳✳✳✳✳✳✳✳✳✳✳✳✳✳✳✳✳✳✳✳✳✳✳✳✳✳✳

古人云："教子之道有五：静其性；广其志；养其材；鼓其气；攻其病。废一不可。"意思是说，教养子女要遵从五个方法：让他的性情沉静，使他的志向广阔，养成他的才干，鼓舞他的勇气，批评他的过失，这五种方法缺一不可。可以说，孟母在教导孟子上不但"五法"皆俱，还特别注意在日常生活中的琐事、小事上的告诫。往往越是细节越能体现出一个人真正的品质和性情，孟母希望孟子成为真正的贤德之人，也就不会忽略任何细节。

朱熹在《童蒙须知》中说，"凡行步趋跄，须是端正，不可疾走跳踯"。这是在告诫人们，不管是快走还是慢走，都要稳稳当当，不疾不徐，更不能蹦蹦跳跳。直至今日，这些规矩对现代人仍然有借鉴意义。

坐卧行走伴随着每个人的每时每刻，由于坐卧行走这些行为太过常见，所以鲜有人刻意去学习并掌握其中的规则。军人相较于普通人更受尊重，是因为他们真正地做到了"坐有坐相，站有站相"，一举一动都透露出一股与众不同的气质，所以无论走到哪里都格外受人尊重。

在日常生活中，面对子女的教育，父母是否也应当引以为鉴，在一切细节上对子女提出更高的要求呢？答案是显而易见的。《弟子规》中说，"步从容，立端正"。对子女的要求要从小开始，从细节入手，把坐卧行走作为家规的一部分，或作为一个重要基础，才能培养出懂规知矩、举止优雅、风度翩翩，乃至受人尊重的人。

4. 守规守矩是为人之本

提到礼仪、规矩，时至今日，仍然有不少人认为礼仪、规矩都是"陈规旧念"，是"封建礼教"的糟粕，不足取用，或者认为先辈们留下的礼仪、规矩到了现代早已落伍，不合时宜了。现实真的是这样吗？

规则的真谛是爱，父母让子女守规守矩，才是对子女真正的爱。正如作家毕淑敏所说："天下的父母，如果你爱孩子，一定让他从力所能及的时候，开始爱你和周围的人。这绝非成人的自私，而是为孩子一世着想的远见。"什么是子女"力所能及"的时候？便是他们懂得守礼仪、讲规矩的时候，可以听懂并分辨成人口中的"可以"和"不准"之间的区别，以及由此产生的后果。

以吃饭为例，一个四五岁的孩子在盘中挑挑拣拣也许并无恶意，他也很难意识到这种举动会带来的负面效应。此时，父母要马上制止，告诉他这种做法的弊端，并引导他采取正确的方式。立规矩、定要求自然要考虑到子女的年龄，要在他们对周围的一切有自我认知的时候及时、恰当地介入，从最初的关键时刻便进行"建模"，就如一棵小树苗在成长过程中要时时扶正一样，以免一路"歪长"，影响"成材"。

《于氏家训》中说："子弟家居，饮食、动作，俱教以规矩；事上接下，俱教以礼数，勿致放荡。"不管子女的起居饮食还是学习，都要制定相应的规矩加以引导、教育，侍奉尊长、对待晚辈也要合乎规矩，不能放任自流。

第五章 严守规矩，心有方圆

✵✵✵✵✵✵✵✵✵✵✵✵✵✵✵✵✵✵✵✵✵✵✵

刘某是一位副研究员，她曾到外地进修两个月，这期间，孩子便交由父母照看。

老人们看护孩子多以"孩子开心"为准，所以刘某4岁的儿子学会了讨价还价：吃了巧克力再吃蔬菜。诸如吃饭、洗漱、整理玩具等本应是他自己的分内事，他也会跟大人讲条件。

刘某进修结束后，回到家发现了儿子的变化。午睡后，起床撒娇让刘某为她穿衣服，被拒绝后便说："那我自己穿，你得给我买冰激凌！"吃饭时，又吵嚷着边看电视边吃饭。下楼去小区玩，在电梯里遇到邻居，刘某让儿子打招呼，小家伙却说："你给我买跳跳糖才行。"

小孩子学会讨价还价虽然有助于形成批判性思维，但这必须建立在规则之下。无规矩不方圆，倘若无视规则，无拘无束，甚至有逾规越矩的行为，孩子的品德就很容易歪斜。

这一天吃饭时，刘某的儿子再次摆出了"不给我巧克力就绝不吃饭"的架势，这次刘某明确告诉他："吃不吃饭都不会有巧克力，因为吃饭是你自己的事，你可以不吃，但肚子饿了没人专门给你做饭。假如现在不想吃，可以马上离开饭桌！"这番话似乎"吓"到了小家伙，他只能乖乖吃饭。

当晚，刘某拿出几本绘本故事，她通过故事让儿子意识到很多规则并不能讨价还价。比如公共场所不要大声喧哗、乱跑乱跳，不能损害公物，不能在马路上横冲直撞……这些细碎的规则都要无条件遵守，没有讨价还价的余地。过了几天，刘某又把自己的想法与父母沟通了一下，并希望他们能与自己一起约束孩子。

经过一家人的共同努力，小家伙"脱胎换骨"一般，更懂礼貌，也更尊重规则了。

****

刘某的做法是非常值得推崇的，很多为人父母者都把孩子捧在手心，尤其隔辈人——爷爷奶奶、外公外婆更会一切以孩子的意愿为先，这便会让孩子快速形成一个固定认知：只要我发脾气、撒娇，就会得到自己想要的东西。久而久之，他们没有规矩意识，更会视规则如无物，长此以往，对孩子的人格塑造将造成巨大的危害。

古人云："成人不自在，自在不成人。"时过境迁，当时间来到现代，人们在物质和精神上都获得了更大的发展时，反倒很少能真正教育出"遵规守矩"的孩子了。讲规矩绝不是封建陋习，不少家长正是存在这一认知误区，认为规矩会破坏孩子天真活泼、大胆尝试的天性，于是便默认了他们不守规矩，甚至践踏规矩的行为。当这样的孩子成人之后，进入集体生活，自然会处处碰壁，更有走上歧路的危险。父母不能把孩子不守规矩当成活泼可爱，把不讲道理当成独立自主。

《温公家范》中云："人之爱其子者，多曰：'儿幼未有知耳，俟其长而教之。'是犹养恶木萌芽，曰'俟其合抱而伐之'，其用力顾不多哉！又如开笼放鸟而捕之，解缰放马而逐之，曷若勿纵勿解之为易也！"这段话的意思是：一些宠爱孩子的人总是说，孩子还小，不太懂事，所以长大之后再教育也不迟。如果采用这种做法，就好比放任一棵劣质树的种子发芽，说等树长到两臂环抱粗细的时候再砍伐，可那时花费的力气不多吗？又好比是把鸟笼打开，让鸟飞走后再去捉回来，或是把马的缰绳解开，放跑之后再去追赶，与其如此，倒不如关闭笼子、拴紧缰绳。

枉突徙薪，凡事都要在未发生之前做好规划，避免临时抱佛脚，手忙脚乱。尤其在为子女树立规矩上更是如此，等到发生难以挽回的事情时才悔不当初，为时已晚了。

矩不正，不可为方；规不正，不可为圆。守规守矩是为人之本，更是一个人可以在社会上安身立命的基础。

第六章
牢记祖训，行以致远

☆☆☆☆☆

　　祖辈的训诫往往饱含人生智慧，这些训诫是长期积累后流传下来的宝贵经验，能够经得住岁月的洗礼，其中蕴含的道理在时间的淬炼下越发历久弥新，对今天的我们更具现实指导意义。父母要教导子女牢记祖训，不忘根本。

☆☆☆☆☆

重家教 立家规 传家训 正家风

1. 品格高洁，君子当舍生取义

古代很多仁人志士的家族都有关于明理、守义、厚德一类的祖训、家风，这些训诫正是教导他们如何修为自身品行，怎样对待荣辱、利益和生死的。自私自利、贪生怕死的人，自然没有高尚的道德和品格，他们穷尽一生所追逐的只有名利，至于人生的大义与大德皆被他们抛到了九霄云外。

因而，父母要引导子女铭记先贤古训，以此为指导思想，敦促子女去做一个心怀天下、光明磊落的人，这样才能养成忠贞不屈、百折不挠、舍生取义的品格。

※※※※※※※※※※※※※※※※※※※※※※※※

明朝时期，倭寇经常侵犯我国沿海地区，他们烧杀抢掠，无恶不作。

黄钏是明朝时期温州一带的负责人，为人正直，品格高洁，心中怀有民族大义。他对入侵沿海地区的倭寇深恶痛绝，常常对手下人说："这些猖狂的倭寇，如果被我遇到，必定杀光他们！"

为了抗倭，黄钏做足了准备，积极训练军队，他的部下各个骁勇善战。在一段时期内，倭寇听到黄钏的名字便会望风而逃，他们私下里也说："一定要小心谨慎，遇到黄钏赶紧逃走！"

黄钏听闻倭寇们的议论，大笑道："这下他们知道我黄钏的厉害了，如果不想丧命，就赶紧滚蛋！"

　　倭寇对黄钏又恨又怕，他们知道，要想在浙江站稳脚跟，必须除掉黄钏。于是，他们派重兵攻打黄钏。黄钏沉着应战，使得倭寇屡屡受挫，可最终还是因为寡不敌众，被倭寇俘虏了。

　　倭寇们在海岸边狂呼乱叫，庆祝着胜利。起初，他们威胁黄钏投降，结果被黄钏痛骂一顿，接着又承诺给黄钏金银珠宝，只要不再与他们作对就好。黄钏怒斥倭寇："难道我是贪图钱财的人吗!?"

　　"如果你不投降，现在就杀掉你！"

　　黄钏面无惧色地说："我是绝不会向你们这群强盗投降的，你们动手吧！"

　　"你不怕死？"

　　"大丈夫为国而死，死而无憾！"

　　"好！现在就成全你！"

　　倭寇头目命令手下人抬来一口铡刀，把黄钏的双脚放在上面。头目冷冷地问："现在我问你，投不投降？"

　　黄钏怒骂道："你们这群丧心病狂、残害百姓的强盗，快动手吧，我绝不投降！"

　　头目一挥手，旁边的手下人一下子把黄钏的双脚铡掉了。切割的部分顿时血流如注，黄钏瞬间面色惨白，可仍然痛骂着倭寇。最终，黄钏被倭寇残忍地杀害了。

　　黄钏死后，浙江百姓纷纷集结起来，终于成功地赶走了倭寇。而黄钏在倭寇面前的大义凛然、宁死不屈的精神，也被后世所传颂。

　　　　　　　　＊＊＊＊＊＊＊＊＊＊＊＊＊＊＊＊＊＊＊＊＊＊＊

　　司马迁在《报任安书》中说："人固有一死，或重于泰山，或轻于鸿毛。"在生与死、利与义之间，真正品格高洁的君子总是会做出正确的选择。孟子曾说："生，我所欲也；义，亦我所欲也，二者不可兼得，舍生而取义者也。"

"舍生取义"是影响中国人几千年的至理名言，直至今日仍掷地有声。这是一种难得的精神，更是一种可贵的品格，它象征着奉献，也象征着永不向邪恶势力低头。

今天，舍生取义的训诫仍然具有现实意义。我们倡导这一大义，并非要求每个人都必须有舍弃生命的举动，但仍然希望每个家庭都有类似的家规，以此也能让家族子弟保持高洁的品格、崇高的道德。

2. 学会放下，不执着于他人的过失

每个家庭都有自己的家规，不管这种家规是不是形成了文字，但家规中传递出的精神却会延续下去。比如"宽容""不过分执着"，诸如此类的对子女的日常教导都可以看成一种家规。

宽容即是放下，是《道德经》中所说的"大小多少，报怨以德"，更简单点说，便是学会"放过自己"。在家庭教育中，父母应该制定放下、不纠结、不执着于他人过失的家规，这会让子女产生宽容心理，不因与他人之间的嫌隙而心存记恨。

"以德报怨"是中国古代哲人大力倡导的做人规范，当然，这并不是要求每个人都达到这一至高境界，不过若凡事都太过执着，缺乏宽容之心，惯于揪住他人的缺点和毛病不放，除了让对方难过悲伤之外，自己也不会快乐。

父母要告诉子女，在人际交往中，总会有不尽如人意之处，没人愿意被算计、被坑害，可是这种情况却无法避免，所以一旦我们受辱受屈，应该敞开心扉，学会放下。

****

东晋时期，执掌军政大权的桓温将郗超召为征西大将军府的幕僚。当时与郗超一同在府上做幕僚的，还有一个名叫谢玄的年轻人，他为人谨慎，颇有才华。

两个年轻人都很有才华，所以每当大将军府议事时，他们往往会出现意见不合的情况，时常会为了一个观点争论不休。久而久之，两人之间产生了隔膜，甚至迎面相见都不打招呼，而是绕道而行。再后来，郗超被擢升为中书侍郎，谢玄则被任命为广陵相，虽然二人不再相见，可仍然心存芥蒂。

这一时期，北方的前秦日益强盛，开始攻打东晋。经过几次小规模的战斗后，秦王苻坚大胜，便决定灭掉东晋。

大军压境，东晋朝廷决定派出文武双全的谢安为征讨大都督。谢安经过权衡，便让很有声望的谢石来统领全军，不过还缺少一个足智多谋的先锋官。

当时朝廷下令，希望全国上下团结起来，推举出贤能人才，以解国家之难。谢安考虑再三，觉得侄子谢玄非常合适，于是便在朝堂上推荐了谢玄。可他的举动却引来一片质疑声，有些人觉得谢安任人唯亲，并且有在朝廷中安插亲信的倾向，便想联合起来抵制他。更有人想到郗超一直与谢玄有矛盾，便鼓动他参与到其中，进行打击报复。

不过郗超在上朝时却坐在一旁沉默不语，他并不是在想如何对抗谢玄，而是考虑抗秦先锋的人选问题。在他看来，谢玄的确是不可多得的经国治世的人才，他觉得眼下要同仇敌忾，应该把私人恩怨放在一旁，共同抗敌。加之幼时父母教导他做人要宽容，所以他考虑清楚后便说出了自己的意见："本人并不赞同大家的意见，谢宰相一心为国，才举荐了自己的侄儿，这可谓明智之举，是摆脱世俗偏见的表现。古人早已有举贤不避亲的美谈，希望各位不要再纠结这件事了。"

有人质问郗超："你怎么知道谢玄是人才？"郗超回答："我曾与谢玄同在桓将军的府内共事，很了解他的才能。"接着他又列举了很多能证明谢玄才能的事例。最后说道："如果让我推荐的话，我也会推荐他。"

旁人见与谢玄一向不和的郗超都如此宽宏大量，且说得句句在理，也就不再有质疑之声了。就这样，晋武帝封谢玄为建武将军。在谢玄的带领下，秦军撤过淝水之时，被晋军打败，还因此留下"草木皆兵""风声鹤唳"的典故。

✼✼✼✼✼✼✼✼✼✼✼✼✼✼✼✼✼✼✼✼✼✼✼✼✼✼✼✼

郗超的"放下"，凸显出了自身的格局和心胸。在可以落井下石，进行报复的时刻他不但不计前嫌，还能力荐对方为开路先锋，以国家大事为重，这份以恕道为本之心是极其难得的。

学会放下，便是宽容自己，父母要多向子女灌输这样的观念。很多人纠结于他人的过失和错漏，为此内心郁闷不已，甚至终日郁郁寡欢，而对方却安然无恙，到头来只是自己气自己罢了。学会放下是一种心境，是一种格局，更是一种修为。

三国时期蜀国人蒋琬以"大容大量"著称，这也是他的座右铭。公元234年，诸葛亮病逝，蒋琬开始主持蜀国朝政。当时有一个叫杨戏的属下，性格内向，木讷寡言，蒋琬同他说话，他总是不冷不热。于是，有人在蒋琬面前说他坏话："杨戏对您太过怠慢了，成何体统！"

蒋琬笑着说："每个人的脾气秉性都不一样，让他当面赞扬我，那不是他的本性；让他当众说我的缺点，他也觉得会让我颜面扫地，所以就只能不说话了。这不正是他为人的可贵之处吗？"此后，他反倒一再重用杨戏。

有一个叫杨敏的人，曾故意诋毁蒋琬："蒋琬做事情糊里糊涂，不清不楚，比不上前人。"有人把这种评价告诉给蒋琬，并建议严惩杨敏。蒋琬却毫不在意，说道："我这个人缺点很多，能力有限，的确比不上前人，杨敏说的是事实。他根本没有犯错，又怎么能惩罚他呢？"杨敏知道后，打心底钦佩蒋琬的大度和宽容，后来，杨敏因犯罪入狱，很多人都觉得他难逃一死，可蒋琬依法处理，没有夹带私情。从此，人们都称赞蒋琬是"宰相肚里能撑船"。

愤怒和怨气对人类没有任何好处，它们只会带来更多的仇恨和灾难。与其把自己一辈子囚困在牢笼之中，不如学会放下，用一颗宽容之心容纳所有的伤与痛、喜与悲。当放下的那一刻，我们会蓦然发现，原来宽容的力量不但可以饶恕别人，更重要的是让自己变得轻松、畅快、自在。

在现实生活中，父母应学会借助各种家风家训故事和发生在身边的实例，把宽恕、原谅、放下的观念传递给家庭成员，让他们意识到用别人的错误惩罚自己是最愚蠢的行为，而有了宽大的胸怀不但能容纳万物，也会让人与人之间的关系更加和谐。

3. 及时改错，及时悔过

《左传·宣公》中云："人谁无过？过而能改，善莫大焉。"人非圣贤，不可能不犯错，但错而能改，便是很了不起的了。

古代的很多家训家规中早已把及时改错、悔过作为衡量一个人能否成为一流人物的标准之一，到了今天，为人父母者也要告诫后代及时自省是避免犯错的有效方式。大部分普通人屡屡犯错的根本原因，就在于不能认真自我审视，犯错之后也不重视反思，从而导致在同一个地方多次跌倒。错误的叠加会造成越来越大的漏洞，也会慢慢地有损个人修养。因而，犯错之后着重分析致错的原因，及时剖析自己，一方面会提升认识，另一方面也会让自己的品行更加高尚。

****

楚文王曾一度沉迷于狩猎和女色，不理朝纲，太保申便借先王之命，打算用鞭刑来惩罚他。楚文王不能违背先王之命，只能被迫接受。他趴在席子上，太保申把50根荆条捆在一起，跪着放在他的后背，然后又拿起来，如此反复做了两次，相当于施用了鞭刑。

楚文王感到很奇怪，便说："我都已经同意接受鞭刑了，不如真的打我一顿吧！"太保申是这样回答的："我听说对于君子，要让他们的内心感到羞耻；对于小人，则要让他们的经受皮肉之苦。如果君子已经感到内心羞耻了，却还不能改过，那么让他们尝到皮肉之痛又有什么意义呢？"

楚文王听后十分自责，此后不再去狩猎，也不沉迷于女色了，而是发愤图强，很快就兼并了很多国家，扩大了楚国的疆土，也一步步成就了自己的英名。

****

我们每个人在日常生活中都会犯错，且会重复犯错，可即便如此，也不能主观上为自己贴标签，认为自己很难改错。一旦产生这样的固化认知，就真的做不到及时省身了。

《了凡四训》中说："务要日日知非，日日改过；一日不知非，即一日安于自是；一日无过可改，即一日无步可进。"意思是一定要天天检讨自己的过失，每天都要改过自新。倘若一天认识不到自己的过失，这一天就会陷入自以为是的状态之中；一天不改过，就一天没有进步。

在纠错改过上，父母要起到监督作用，可以制定必要的家规，犯错后要接受处罚。同时也要多借助祖训来斧正晚辈的思想，让他们从根本上意识到及时改错、悔过的重要性。

王阳明在《寄诸弟书》的家书中着重强调了"改过为贵"的思想："人孰无过？改之为贵。""古之圣贤，时时自见己过而改之，是以能无过，非其心果与人异也。戒慎不睹、恐惧不闻者，时时自见己过之功。吾近来实见此学有用力处，但为平日习染深痼，克治欠勇，故切切预为弟辈言之。"

及时改错，及时悔过，也是逐步提升自我认知的过程。父母要让子女明白，知错能改，难能可贵，最怕的就是知错不改，或表面答应改过，背地里却依然故我，那样的人只会庸碌一生，什么事情都做不好。

观今宜鉴古，我们从以往的名人故事中可以看到他们是如何待人接物的，也能够清楚地知道他们在犯错时，心态会发生怎么样的转变，这种转变的过程正是启迪和教育的精髓。

因此，不妨在家庭教育中制定"不贵于无过，而贵于能改过"的家规，让子女知道错误是不可避免的，但应尽量不让错误重复，以圣人之道来求自己，即便达不到圣人的境界，也会最大限度地避免无休止地在不思悔改的泥潭中挣扎，最终越陷越深。

4. 拒绝依赖，求人不如求己

俗话说，生气不如争气，求人不如求己。靠天靠地都不如靠自己。我们自小被父母教导，与其把希望寄托在他人身上、依赖别人，不如自立自强，自己开辟出一片天地。每个人的生活都会遭遇阴霾，正如"月有阴晴圆缺"一样，一时的失意不代表什么，只要心中还怀有梦想，并能坚持不懈，总会迎来一片坦途。

《颜氏家训》中说："父兄不可常依，乡国不可常保，一旦流离，无人庇荫，当自求诸身耳。"的确是这样，父母兄长不可能长久地依靠，家乡邦国也不会永远安定，一旦流离失所，一个人便失去了庇护和倚靠，所以人应当求助于自己。

《止学》中云："不求与人，其尊弗伤。"意思是说，不向他人求助，自己的尊严就不会受到伤害。很多人都有依赖心理和惰性，一次两次的求助得到他人的帮衬后，便产生了寄托于人的习惯。久而久之，不但个人能力越发"萎缩"，自尊也会受到伤害。自尊是建立在自食其力、独立求存的基础上的，若凡事只等着开口向他人求助，很容易被别人轻视，也不可能做成什么大事。

✳✳✳✳✳✳✳✳✳✳✳✳✳✳✳✳✳✳✳✳✳✳✳✳✳✳✳

区寄的父亲常常教育他：求人不如求己。区寄的家住在郴州，当时风气很坏，很多人家的孩子长到10岁就会被卖给有钱人做奴隶，于是也由此让一些心思不纯的人动了歪心思：拐卖儿童。为此，区寄的父亲告诉他："你要是不幸地被坏人抓到，也不要害怕，更不能指望着我去救你。你要自己多思考，想办法救自己，一定不要去当奴隶，那不是人过的日子。"

区寄11岁那年，不幸被两个盗贼抓走了。他们把区寄的手脚捆住，嘴巴堵上，装进了一个布口袋里，扛着袋子直奔40里以外的集市，打算卖掉他。

区寄在被盗贼抓到的一瞬间，已经意识到自己遇到坏人了。起初，他浑身战栗，吓得不知所措。后来他想起父亲平时的教导，逐渐冷静了下来，他开始在心里盘算如何才能成功脱身。

到了集市，盗贼把区寄从口袋里拽了出来，强烈的太阳光刺得区寄睁不开眼睛。他灵机一动，马上装出一副恐惧的样子，故意呜呜地哭着，全身不住地抖动。盗贼见他怕成这样子，也就放松了戒备。

过了好一会儿，也没人来买孩子。盗贼肚子饿了，买了一些酒肉便带着区寄找了一个偏僻的地方吃喝起来。吃完饭后，矮个子的盗贼出去找买主，高个子的留下来看着区寄。

区寄看出高个子盗贼已经喝醉了，所以也顺势装出疲倦的样子，蜷缩在一旁。高个子盗贼想：一个小孩子，手脚已经被捆住了，怎么可能逃走呢？想罢便安心地睡着了。他的钢刀就插在旁边的地上。

一直等到盗贼鼾声如雷，区寄才睁开双眼，一边盯着他，一边向钢刀旁挪动身体。很快，他磨断了捆绑自己的绳子，然后拔出钢刀，一下子杀掉了那个盗贼。这时的区寄非常害怕，哆哆嗦嗦地往外走，刚巧碰到了矮个子盗贼回来了。

矮个子盗贼见自己的同伴死了，一刀劈向区寄，区寄连忙躲闪，之后说："他对我不好，我才把他杀掉。现在我属于你

重家教 立家规 传家训 正家风

一个人了，不是更好吗？"矮个子盗贼一听，心里开始琢磨：对啊，卖掉孩子，钱就归我一个人了。索性埋了同伴，再次把区寄捆绑结实后便把他送到了买主家里。

夜里，区寄被关在一间屋子里，又饿又困，可脑子里一直想着怎么逃出去。不知不觉间，他的目光落在了屋里的那堆火上。他把身体挪到火堆旁，一点点让火苗烧断了绳子，他的皮肉也被烧伤了，可他顾不得疼了，急忙跑出去找那个矮个子的盗贼。

拿了钱的盗贼已经喝得酩酊大醉，此时正睡得香，区寄一把抢过他手中的钢刀，结束了他的性命。

紧接着，区寄跑到了集市上，放声大哭起来。此时夜市还没有结束，人们闻声而来，就连管理市场的官吏也赶来了。区寄见人多了，便说："我本是郴州区一户人家的儿子，两个盗贼趁着我放羊割草时把我抓住，要卖掉做奴隶。他们已经都被我杀掉了，现在我就去官府自首！"

大家都被区寄的话镇住了，不知道一个小孩子是如何杀掉两名盗贼的。之后，集市的官吏把案子报到州里，州里又上报到府里。知府看着区寄，不敢相信眼前这个小孩子竟能杀掉两个盗贼。知府没有治区寄的罪，反倒让他在官府当差。区寄拒绝了，他想回家与父母在一起。

就这样，区寄历经一番磨难，重新回到了父母身边。人们纷纷议论："真是不得了，当年秦舞阳13岁杀人，之后跟着荆轲去刺杀秦王，被后人赞叹了一千年。区寄比秦舞阳还小两岁！"附近村庄的人都知道了区寄的故事，那些专门拐卖儿童的盗贼再也不敢去他所在的村子了。

****

小小年纪的区寄能够成功"自救"，与他自身的独立和机智密不可分。更关键的还在于他父亲对他的日常教育和告诫，让他意识到当独自面对一些突发事件时,可以依靠的只有自己,没有任何人可以依赖。

不依赖他人,便是独立自强的体现。《周易》中云:"天行健,君子以自强不息。"自强独立的精神应当是一个人必备的品质,唯有具备了自力更生、百折不挠的性格特质,才能在社会上走得更远、更稳,也会有更好的发展,于己、于家、于国都将大有裨益。

5. 常怀忧患之心

《庭训格言》中云:"凡人于无事之时,常如有事之时而防范其未然,则自然事不生。"当事故还未发生之时,要是能做到像有事故发生那样严加防范的话,那么事故就不会发生了。换句话说便是趁着天还没有下雨就要提前修缮房屋门窗,在口渴之前就要挖井取水。

有些人觉得,居安思危是一种"悲观主义",认为时时怀有忧患之心,人会终日生活在恐惧和预防突发事件的紧张情绪之中,对身心弊大于利。这种说法不无道理,可比起事情发生之后的束手无策,提前预防的意义始终更大。父母有必要告诫子女,如果凡事都要等到发生之时才去想对策,就算侥幸"躲过一劫",也难保下次在应对突发事件时还能那么幸运。所以,防患于未然这种忧患意识并不悲观,提前预警会把很多祸端扼杀在摇篮之中。

《黄帝内经》中云:"上工治未病,不治已病,此之谓也。""治未病"便是事先采取干预措施,防止疾病的发生。这是一种防患意识,即要在事端有发生苗头之前遏制它的发生。

有智慧的父母总会有意培养子女的"居安思危"意识,正所谓

重家教 立家规 传家训 正家风

"思则有备，有备无患"，时刻存在危机感，拥有危机观念，才会促使我们不断地变得优秀。司马相如在《上书谏猎》中说："祸固多藏于隐微，而发于人之所忽者也。"很多灾祸都藏匿在隐蔽和细微之处，并在人们的轻视和忽略中产生。

※※※※※※※※※※※※※※※※※※※※※※※

孙叔敖在楚国做令尹（宰相）时，举国的官吏和百姓都向其表示祝贺。当众人离开后，却有一位身麻制丧服、头戴白色丧帽的老者前来吊丧。孙叔敖整理好自己的衣帽后便出来见这位老者，并说："楚王并不了解我没有才能的事实，所以让我担任令尹这样的高官，大家都来祝贺我，只有您来吊丧，想必是有什么话要说吧？"

老者点点头，说道："当上高官之后，对别人骄傲蛮横，百姓就会离他而去；官位高，又大权在握，国君也会开始厌恶他；俸禄丰厚，却仍不满足，就会惹来祸患。"孙叔敖马上向老人拜了两拜，然后说："我诚恳地接受您的指点，同时还想听听您的其他高见。"

老者继续说："不管地位多高，态度都要谦逊；不管官职大，处事都要谨慎；既然俸禄已经很丰厚了，就不能索取额外的钱财。只要您严格遵守这三条，就一定可以治理好楚国。"

※※※※※※※※※※※※※※※※※※※※※※※※

这位老者的话便是在告诫孙叔敖应当居安思危，怀有忧患意识，绝不能因为自己位高权重，大权独揽而恣意妄为，反而应该因此低调谦逊，让一切祸端"胎死腹中"。

唐太宗对身边的大臣们说，治国和治病的道理相通，就算治好了病，也必须注重休养护理，如果马上放开自我，纵欲无度，万一旧病复发，很可能无计可施。无论一个人身处何种职位、何种环境，都应该有未雨绸缪的意识，"安而不忘危，存而不忘亡"。

平日里，我们也要在父母的引导下加强自身学习和修养，练就本领，如此在面对突发事件时便能沉着应对。再则，父母要把具备忧患意识，注重细节、小节形成家规家训，这样会让子女在为人处世时"有章可循、有据可依"，使得很多突发事件不至于"突发"，甚至会按照自己设定的既定脉络发展，达到"运筹帷幄"的境界。

《墨子》中云："库无备兵，虽有义不能征无义；城郭不备全，不可以自守；心无备虑，不可以应卒。"仓库里没有兵器，即便自己有理有据，也不能讨伐不义之兵；内外城墙没有修建齐备，怎么能更好地防御外敌呢？心中不考虑周全，也很难应对突发事件。若做不到防微杜渐、未雨绸缪，是很被动的，也容易吃大亏，甚至于丧命。

****

东汉末年，孙策盘踞于江东。趁着曹操与袁绍在官渡交锋之际，他与人谋划袭击许昌。许昌是曹操的大本营，曹操的部下听闻孙策的动向后都很害怕。谋士郭嘉却说："孙策近来吞并了江东的土地，杀掉不少当地豪杰义士，这全赖于他部下的拼死效力。不过他这个人不善防范，粗心大意，与孤身一人并无二致，一旦遭遇埋伏，他就难以应对了。依我看，他一定会丧命于刺客之手。"

虞翻是孙策的谋士，他知道孙策喜欢骑马游猎，所以规劝道："您帐下很多零散归附的将士都能为您出生入死，不过，您随意地外出游猎，将士们不禁内心惶恐。白龙化作大鱼在海中游玩，会被渔夫捉住，白蛇爬出深山，结果被刘邦斩杀，这都是教训，希望您可以谨慎从事啊！"孙策听完，说道："先生说的话很有道理。"不过这些话只被他当成了"耳旁风"，

重家教 立家规 传家训 正家风

听完就算了，此后他依然故我。在出兵许昌时，他来到长江口，可还没有渡江，便被许贡的门客所杀。

✳✳✳✳✳✳✳✳✳✳✳✳✳✳✳✳✳✳✳✳✳✳✳✳✳✳✳✳✳

郭嘉和虞翻都看出了孙策的缺点，虞翻好言劝告，但孙策却全然不放在心上，没有忧患意识，缺乏居安思危的思想，不能防患于未然，这是他被杀的根本原因。

每个人都有错漏，缺点和短板也会相伴一生，但这并不是我们放任自己的理由。父母在这方面要做好引路人，督促子女意识到人性中的这些缺陷，以便懂得预防、善于预防，把危害降到最小，把损失降到最低。

第七章

修业练身，不移其志

想要获得精进的人生，必须做到惜时、修身、守志，且要有苦学精神，这一切都与家庭教育息息相关。优良的家风家训和更具体的家规家教，可以让一个人从心底立下大志，并调动巨大的心灵力量来固守其志，实现其志。

家 重家教 立家规 传家训 正家风

1. 珍惜时间，一寸光阴一寸金

"惜时"是很多家庭的家规，正所谓"一寸光阴一寸金，寸金难买寸光阴"，这也是一句耳熟能详的话，可大部分人却未必真的能做到"惜时"。时间就是生命，每个人的时间都是有限的，它就像离弦之箭，一去不返。所以，为人父母者要不厌其烦地督促子女珍惜时间，不让它白白流失。

而今，不少家庭都把《弟子规》作为一种约束家庭成员的行为规范，其中的"朝起早，夜眠迟，老易至，惜此时"，从某个角度来看，便是敦促子女"早起晚睡"，这样等于是主观上延长了一天之中的有限时间，即让大脑处于清醒的时间相对更长，以便学得更多、做得更多。

****

晋朝时期的祖逖，幼时是一个不爱读书、贪玩成性的孩子，直到青年时期，他才发觉自己知识贫乏，感觉不读书便不能报效国家，于是开始发奋读书。他的阅读范围很广，不少接触过他的人都说他有着经国治世之才。

祖逖有一个知己好友，名叫刘琨。当时他和祖逖都是司州主簿，两人志同道合，友情深厚，常常同床而眠。他们都有着远大的理想：建功立业，报效晋国。

一天夜里，祖逖在睡梦中听到了公鸡的啼叫声，便一脚踢醒了刘琨，说道："很多人说夜里听到鸡叫声不吉利，我却不这么想，以后咱们就以听到鸡叫声为信号，起床练剑如何？"

第七章 修业练身，不移其志

刘琨点头答应。

就这样，二人每天一听到鸡叫声便起床练剑，寒来暑往，从不间断。惜时的祖逖和刘琨除了练剑，还会阅读大量书籍，可谓文武兼修。后来，祖逖被封为镇西将军，刘琨也做了都督。

****

祖逖和刘琨能够成为国家栋梁之材，与他们的"惜时如金"密不可分。他们通过自己的勤奋，成功地"延长"了生命的长度，在有限的时间里取得了更大的成就。

《长歌行》中有"少壮不努力，老大徒伤悲"的名句，朱熹也说："少年易学老难成，一寸光阴不可轻。"这都道出了惜时的重要性。在家庭教育中，父母应重视对子女时间观念的培养，告诉他们一个人对时间吝啬，时间就会报之以慷慨，若不想时间有负于你，首先你要不辜负时间。浪费时间的人，其实是在消耗自己的生命。

****

"时间就像海绵里的水，只要愿挤，总还是有的。"这是鲁迅的一句名言，不管在生活中还是工作中，他都是个不折不扣的"惜时达人"。早年他因为上学迟到，被教书先生批评后，便在课桌上刻上一个"早"字。此后他再也没有迟到过，并且时时早、事事早，坚持不懈地奋斗了一生。

在北京时，他的卧室兼书房上悬挂着一副对联，摘自屈原的两句诗，上联是"望崦嵫而勿迫"，下联是"恐鹈鴂之先鸣"。他用这样的诗句来鞭策自己、警醒自己要珍惜时间，这才让他在短短56岁的生命之途中涉足自然、社会科学等诸多

· 97 ·

重家教 立家规 传家训 正家风

领域，留下一千多万字的文化遗产。

有人说他是天才，但他却说："哪里有天才，我只是把别人喝咖啡的工夫用在工作上罢了。"晚年时期的鲁迅更加珍惜时间，甚至在去世前的三天还给一部小说集写下一篇序言。

他不但珍惜自己的时间，也同样珍惜别人的时间。一次，他参加会议，却赶上天降大雨，但他还是冒雨赶到了会议现场。他说："生命，是以时间为单位的，浪费自己的时间等于慢性自杀，浪费别人的时间等于谋财害命。"

鲁迅的书房中挂着藤野先生的照片，他在《朝花夕拾》中写道："每当夜间疲倦，正想偷懒时，仰面在灯光中瞥见他黑瘦的面貌，似乎正要说出抑扬顿挫的话来，便使我忽又良心发现，而且增加勇气了，于是点上一支烟，再继续写些为'正人君子'之流所深恶痛绝的文字。"惜时的鲁迅不愿意浪费一分一秒，他把整个生命都献给了自己一生钟爱的事业。

※※※※※※※※※※※※※※※※※※※※※※※※※

"明日复明日，明日何其多。我生待明日，万事成蹉跎。"人们耳熟能详的《明日歌》同样道出了时间的重要性，如果不抓紧时间，凡事都推到明天，长此以往，是做不成任何事情的。

在现代家庭中，很多子女并不能做到珍惜时间，因为他们没有养成良好的生活习惯，被电视、手机、电脑等高科技产品占去了太多的时间和精力，并没有意识到应该把时间用在更有价值的事情上。因而，有节制的生活习惯至关重要。父母不妨让子女学会根据自己的习惯和节奏制定清晰的时间表，而后严格执行，不用多长时间，他们便会明显发现自己的时间利用率更高了，在规定的时间内能做的事情更多了，自己也不再手忙脚乱，有了更多可自由支配的空闲时间，这都得益于有规律的生活和对时间的重视。

一寸光阴一寸金，任何抛弃时间的人也终将被时间抛弃，培养子女珍惜时间，每时每刻都去做有意义的事情，戒掉一切不必要的行为，他们的人生会更有价值。

2. 奋发向上，用读书改变自我

在古代家训中，有很多关于教导子女勤学苦读的内容，这方面的训诫时至今日仍然极具价值。

俗话说，"活到老，学到老"，教子阅读应当成为每个家庭的必修课，要教导孩子奋发向上，通过读书丰富自己，改变自己。

郑板桥说："不奋苦而求速效，只落得少日浮夸，老来窘隘而已。"这句话意在告诫世人：只妄想快速获取成绩，只能落得年轻的时候浮夸，年老的时候窘困而已。在学习上不能偷懒，更不能投机取巧，要实实在在地低下头、弯下腰，同时收敛心性，高效利用自己的时间和精力。

****

苏洵，北宋散文家，与他的儿子苏轼、苏辙合称为"三苏"，父子三人均被列入"唐宋八大家"。

年幼时期的苏洵并未对读书这件事表现出太大的热忱，甚至根本不喜欢学习，成年之后也不知道读书到底能带来什么。直到27岁时，他的哥哥中了科举做了官，他才猛然间意识到自己应该发奋读书了。于是他暗下决心，开始专心研究六经百家的学说。

一年之后，苏洵参加了科举考试，但名落孙山。回到家中，他不禁长吁短叹："我肯定是因为准备得不够充分才没有考中的，不过参加科举考试求取功名，也的确不是读书学习的目的。"他索性把一年多时间里写成的文字尽数烧掉，此后专心读书，不再写任何文章了。

历经五六年的勤学苦读，苏洵感到自己的学识有了很大的提升，可以再次提笔写文章了。此时他的文章不同往日，短时间内就可以写下千言，且观点独到，当时很多读书人都对其赞不绝口。

宋仁宗嘉祐年间，欧阳修看到了苏洵的文章，啧啧称赞，随后将苏洵推荐给了当时的宰相韩琦。韩琦很看重苏洵的才华，也很尊敬他。自此，苏洵扬名于天下，世人都想阅读他的文章，模仿他的文章写法。

****

《潜夫论·赞学》中云："士欲宣其义，必先读其书。"一个人想要明晓大义，必须先静下来读书。苏洵在真正想清楚读书的意义之前，或者说在没有发奋读书之前，对于读书的认知只停留在通过科举考试走上仕途的层面，这也是导致他考试不中的一个原因。而后等他想明白自己真正要明晓的"大义"后，他才发觉读书的真正意义是改变自我的思想、认知、视野和格局，而不单单是考科举、求功名。

在教子阅读、劝子读书上，父母也要善用方法，首先让子女从心理上认识到读书的重要性，改变他们的意识，而后帮助他们慢慢地养成主动性，逐步提升自己的修行。读书一如运动，随着时间的推移，会改变一个人的整体状态，会让一个人区别于那些缺乏运动的人，会给人一种由内而外散发出来的"精气神"。这个过程，便是改变自我的过程。

父母要让子女明白，读书是一种自我修行的方式，我们可以通过阅读体会到千百种人生，感受各种各样的人生经历，它们会使我们的认知更为多元、丰富，并促使我们总能在面对未知的未来时做出更明智的选择。原因是我们通过读书获得了更多看问题的视角，是这些视角在帮助我们做决定。

有人说，读书是最没有成本的旅行，可以让一个人的心始终在路上，所以父母不妨在家庭中营造浓郁的读书氛围，甚至让阅读成为一种"家风"，并要时时把"通过读书，会看到更新鲜、奇特的世界"的观念渗透到子女的意识中，告诉他们阅读会提升我们的思想境界。

✳✳✳✳✳✳✳✳✳✳✳✳✳✳✳✳✳✳✳✳✳✳✳✳✳

华罗庚是"中国现代数学之父"、数学界的泰斗级人物。让人意想不到的是，日后取得这种成就的他只有初中学历。

初中毕业后的华罗庚虽然顺利考入上海中华职业学校，可因为家里困难，只能退学在家帮父亲看杂货店。后来更是因为感染伤寒，导致左腿终身残疾，走路的时候要用左腿先画一个大圆圈，右腿再迈出一小步。可即便如此，他也从未因身体原因耽误学习。在遇到第一位伯乐王维克老师后，华罗庚更是立志要用自己的勤奋来弥补学历上的不足。

当时华罗庚手中有一本《大代数》和一本《解析几何》，他向王维克老师借来一些教材，手抄了 50 页的微积分教材进行自学。为了学习，他每天一大早便起床，一边磨豆腐，一边借着油灯看书。在 15 岁到 20 岁的 5 年时间里，他通过这种废寝忘食般的自学，修完了高中和大学低年级的所有数学课程。之后，他开始试着研究疑难问题，并开始把自己的论点和论证写成文章。

起初，他向报纸杂志的投稿均未被采纳，直到 1930 年，他的《苏家驹之代数五次方程式解法不能成立的理由》才被上海《科学》杂志收录，此后便开启了他的"数学奇旅"。

当时清华大学数学系主任熊庆来看到了他的论文，十分欣

重家教 立家规 传家训 正家风

赏,在了解了他的自学经历和数学才能后,破例让他担任清华大学图书馆馆员。在这里,华罗庚可谓如鱼得水,历经一番苦读,掌握了英语、日语、德语等多门外语,1931年被提升为数学系助理。

就这样,凭借自身坚强的意志和苦学精神,华罗庚一步步走上了人生巅峰,在国际上名声大噪,成为著名的数学家。

****

华罗庚有这样一句名言:"聪明在于学习,天才在于积累。所谓天才,实际上是依靠学习。"通过苦学,华罗庚成功地改变了自己的命运,他也用自身的经历告诉世人:只要肯俯下身子勤学苦读,终将改变一切。

书山有路勤为径,学海无涯苦作舟。在读书学习的过程中,父母要督促子女全身心投入,教导他们要耐得住寂寞,因为学习不是一朝一夕就能收获成果,它是潜移默化的,是润物细无声的。更重要的是,当我们愿意静下心来苦读的时候,也就不会患得患失,更不会在意是否马上有所收获,因为我们已经知道,风雨之后,必有彩虹!

3. 忠于职守,做好分内事

在其位谋其政,任其职尽其责,从古至今,敬业都是一种不断被歌颂和赞扬的品格。拥有敬业精神的人,无论走到哪里都会受人尊敬。倘若每个家庭也都能把敬业的家规家教落到实处,那么整个国家都会有着强劲的发展动力。

据《后汉书·光武帝纪》中记载，东汉光武帝每天一早便上朝处理朝政，直到太阳落山才下朝。他屡屡召见公卿、郎官、将领等文官武将探讨经书的义理，深夜才去睡觉。皇太子见光武帝这般勤政，一点都不放松，便在适当的时候劝谏说，陛下和夏禹、商汤一样贤德，可从没有享受过黄帝和老子养生带来的福分。儿臣希望您可以保养精神，更自在地生活，享受安宁。光武帝回答，我很愿意做这些事情，一点都不觉得疲累。"

作为一国之君，汉光武帝很清楚自己的"分内事"，不是当了皇帝就可以做"甩手掌柜"，把一切事务都交由他人处理，自己不闻不问。贤能的君主尚且能做到"忠于职守"，更何况身在普通家庭的普通百姓呢？

身在一岗，就应当做好职务内的所有事情，若连分内事都做不好，又如何能被委以重任，去做更有价值、更有意义的事情呢？

****

韩亿是宋真宗咸平五年进士，历任大理寺丞、参知政事等职。韩亿颇具才干，起初做县官时，便以善断疑案著称。韩亿在百姓中间有着良好的口碑，这得益于他为官廉洁、刚直不阿。

据史料记载，韩亿"性方重，治家严饬"。他有8个儿子，他对儿子们的教育非常严格，时常教导他们做人应当正知正见，一个人倘若不择手段追逐名利，渴望飞黄腾达，只会损害个人的志节，所以绝不能这样做。又说，我生平只知道忠信处世，不曾拉帮结派，阿谀逢迎，但朝廷还是非常信任我。眼下我官居宰相，靠的也只是处事以公罢了。"

韩亿除了告诫儿子们要保持个人志节，走正道之外，还要求他们必须做好分内事，忠于职守。

他在亳州任太守时，有一次他的二儿子从京城回家探望他，当时正逢他的好友和子侄科举得中，他格外高兴，便在家里摆设酒宴，还让二儿子相陪。

正当大家喝得尽兴之时，韩亿突然问二儿子："听说京城有一件重大悬案，需要皇上亲自审查，具体情况怎样了？"

二儿子一怔，然后努力地想了半天都不知道父亲问的是什么事。韩亿见状，严厉地训斥了他一通。之后他再次询问二儿子，可二儿子还是支支吾吾回答不上来。韩亿当即火冒三丈，起身走出去找到一根棍棒，怒骂道："你拿着朝廷的俸禄，自然要负责一方面的事务，应当做到事无巨细，处处留心。现在涉及的是杀头的重大要案你却全然不知，想来对其他小事就更不放在心上了。我远在千里之外，与这件事可以说毫不相干，但都略知一二，而你白白地享受着朝廷的俸禄，却一问三不知，你就是这么报效国家的吗？"说完举起棍子要打二儿子。

众宾客见状，纷纷上前阻拦，一番劝阻总算让韩亿消了怒气。韩亿如此严格要求儿子，也使得儿子们各个有出息，其中韩绛、韩缜两个人均官至宰相，韩维官至门下侍郎。

****

"韩亿责子"起因于儿子没能做好分内事，没能忠于职守。一个人不管身处何种岗位，都应履行岗位职责，这是最基本的要求。倘若连这一点都做不到，便辜负了组织的信任，也是失职的表现。

《梁启超家书》中说："天下事业无所谓大小，士大夫救济天下和农夫善治其十亩之田所成就一样，只要在自己责任内，尽自己力量去做，便是第一等人物。"一个人要对自己的岗位充满热忱，做到爱岗敬业，这也是忠于职守的前提。

在家庭教育中，父母要让子女形成明确的责任意识，做好自己的分内事，无须贪多求大。曾国藩说："凡作一事，无论大小难易，皆宜有始有终。"做任何一件事，无论大小，是困难还是容易，重要的是能够持之以恒，这个坚持的过程便是忠于职守的表现。

父母制定"做好分内事"的家规，就会让子女做事更用心、更认真，更有遵规守纪、服从命令的意识，在遇到问题时，便会把精力和心思都用在如何更好地、更快地完成自己的工作目标上，从而创造源源不断的价值。

4. 乡邻和睦，有仁厚之心

《姚江王氏族箴》中说："亲以共休戚，邻以助守望，皆人生应有之事。然或以贫富之互形而势同冰炭，或因一言之偶拂而视若寇仇，一旦变生意外，谁为手援？"亲人之间理应共同承担忧喜祸福，邻里之间也要互相帮助，这些都是人之常情。不过有人却因为贫富上的差异致使双方势如水火，或是由于一句偶然的违心之语而将彼此视为仇敌，在这种情况下，若发生变故，谁会伸出援助之手呢？

俗话说，远亲不如近邻，又有"有钱有酒款远亲，火烧盗抢喊四邻"的古训，这都旨在告诉世人，不能刻板地认为只有亲人之间才会相互帮助，从而疏远邻里，甚至与邻里之间闹矛盾。

在现代社会，"邻里"观念渐薄，大家都是各人自扫门前雪，所以人与人之间也多了一份陌生感。由此，父母要为子女树立"亲邻"意识，邻里之间应当和睦相处，要与邻为善、以邻为伴，一旦有突发事件，邻里之间也能彼此照应，正所谓"远水解不了近渴"，纵然与自己远在天边的亲戚之间感情再深厚，但他们就算肋生双翅也难解燃眉之急。

重家教 立家规 传家训 正家风

古人很重视建立和睦的邻里关系，并对子孙后世也有针对性的教导，更着重于教育子孙妥善地处理与邻里的关系，合理化解彼此间的矛盾。时至今日，这些也成了现代邻里关系教育的主要内容。

****

隋朝时期，今河北赵县人李士谦是个能够克己修身，与邻里和睦相处的"少数派"。他幼年丧父，母亲一个人将他抚养成人。

李士谦家境殷实，但他本人非常节俭，而且乐善好施，总是无条件地对邻里施以援手。州界之内但凡有人家无力办丧事，他常常会马上赶去帮忙。当地遭遇灾荒时，他拿出数千石粮食救济百姓，次年，收成仍然不好，借债的人无力偿还，便上门说明情况，李士谦说："我家里多出来的粮食，本就是为了救济他人的，难不成是为了获取利益吗？"索性，他把所有欠债的人都召集到一起，还备好酒菜款待他们，更当众烧掉了借据，并说："现在你们都没有债务了，就不要总想着还债了。"

又过了一年，当地大丰收，欠债的百姓便主动还债，但都被李士谦一一拒绝了。而后的某一年，再次遇到饥荒，饿殍满地，李士谦倾尽家产，把米熬成粥救济灾民，使得数万名灾民得以活命。至于那些饿死的百姓，他也会逐一收留埋葬。

到了春耕时节，李士谦还会准备种子分发给百姓，当地百姓无不感恩戴德，都说这是李家赐予他们的福分。

李士谦一生都与邻里和睦相处，从未产生过矛盾。有人放牛，不小心让牛闯入李家田地，禾苗被践踏了。李士谦非但不生气，还把牛牵到荫凉处喂稻草，直到见到牛的主人，便把牛归还人家。还有的人因为实在太穷，盗取他的庄稼，他看到后也一声不吭。一次，他的仆人抓住了一个盗割庄稼的乡邻，他不但不处罚，还对仆人说："他因为贫穷才做了这种事，咱们就当行仁义之举，不惩罚他了。"

又有一对兄弟因为分家吵了起来，李士谦知道后，便自掏腰包给了分得少的一方，这样兄弟俩就一样多了。此举让兄弟二人羞愧万分，于是相互谦让，和好如初。

李士谦66岁去世，当地百姓听闻之后纷纷落泪，多达上万人都来参加他的葬礼，并在他的墓地树碑。很多人还向李士谦的家属捐钱捐物，他的妻子范氏说："他一生乐善好施，现在虽然不在人世了，怎么能改变他的志向呢！"于是不但不收任何捐赠，还拿出500石粮食济贫。

****

李士谦对乡邻可谓情深义重，只有付出，不求丝毫回报，这份仁厚之心是难能可贵的。

明朝王世晋的《宗规》中说，姻亲是家族的亲戚，乡里是家族的邻居。住得远的也有情义相连，住得近的出门就能相见。在茫茫宇宙中，能够有幸聚集在一起，也是很好的缘分啊。

能够成为邻里，的确是一种难得的缘分，所以父母要让子女学会珍惜这种相遇，真心实意地对待彼此，从而整个家庭也会存在于一个和乐的环境之中，这对所有人都是一种福气。

邻里之间应当和和气气，对待出现的问题也要在和睦、谦让的前提下着手解决，反之，针尖对麦芒，再小的问题也会变成大问题。

****

岳某和张某是同村邻居，多年来一直相安无事。十几年前，岳某在院子里靠近张某的一侧空地栽种了一些毛竹。起初的几年间，这些毛竹长势缓慢，没带来什么不良影响，两家人相处得也和和气气的。不过，随着时间的推移，毛竹越来越高，根系也扩散开展。

近些年，岳某家的毛竹已经长到了两层楼那么高，直接影响了张某家的房屋采光，导致张某家的屋内越来越阴暗潮湿。为此，两家人产生了不少摩擦。后来，张某更是以岳某家的毛竹严重影响其房屋采光并损坏其房屋基地，将岳某告上了法庭，要求岳某砍掉毛竹，恢复原状。

后经由法院实际勘验和调节，岳某当场砍掉了距离张某房屋3米范围内的毛竹，并同意3天之内清楚毛竹根系。此后，双方握手言和。

****

这本是一件小事，但却闹上了法庭。归根结底，双方都没有真诚地和睦相处的观念，也缺乏善待邻里的家风，倘若一方让步，事情也不至于此。当然，张某的诉求是正当的，然而岳某在被告上法庭之前却没有砍掉毛竹的举动，似乎也因为张某与岳某沟通时采取的方式方法"欠妥"。如果一个人真正把邻居放在心上，那么他的言行举止都会很恰当，也就会避免很多无谓的争执。

父母要告诫子女常保一颗仁厚之心，这样不但能让他们在与邻里相处时更和谐，也有助于他们在人际交往中获得更多、更融洽的社交关系。

5. 居陋室而不失其志

刘禹锡的《陋室铭》可谓家喻户晓，尤其那句"斯是陋室，惟吾德馨"更道出了身居陋室而不失其志的豁达心境。《弟子规》中说：居有常，业无变。这是在告诉人们起居饮食要形成规律，做事也要遵规守矩，不轻易改变世代流传下来的事业。引申而言，也可以说成要做到

"居业有常，其志不变"。

诸葛亮当年躬耕于南阳，住在茅庐之中，却心中有天下，而"隆中对"更凸显出了他的鸿鹄之志。西汉著名辞赋家、语言学家、哲学家杨雄，祖上原本住在秦地一带，后来为了躲避战乱，举家前往巴蜀。杨雄极富才华，雄才大略，人们都觉得这样的人必定非富即贵，可他一生的大半时间都在贫寒中度过，后来人们为了纪念他，便修建了"子云亭"（杨雄，字子云）。不管是"诸葛庐"还是"子云亭"，都可以看成是志向与崇高德行的象征。他们这些身居陋室，甚至一生穷困的人，面对生活的窘迫始终不忘其志，这正是"陋室不陋"的深层奥义。

在家庭教育中，父母必须要着重在这方面教导子女，告诫他们不要过分看重个人享受，只要不移其志，就算身在茅屋之中也一样可以拥有豁达的心境。

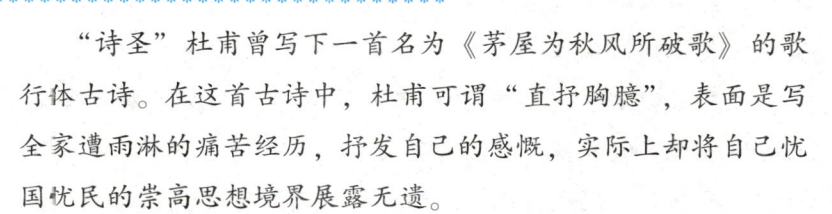

****

"诗圣"杜甫曾写下一首名为《茅屋为秋风所破歌》的歌行体古诗。在这首古诗中，杜甫可谓"直抒胸臆"，表面是写全家遭雨淋的痛苦经历，抒发自己的感慨，实际上却将自己忧国忧民的崇高思想境界展露无遗。

而今，他的茅屋经过修缮，已经成为知名景点。有心的游客在游览时，若能念出他的诗句，想必能感受到他当时的心境。"安得广厦千万间，大庇天下寒士俱欢颜"，在那个风雨飘摇的时代，杜甫没有沉湎于个人的悲苦之中，仍然畅想着天下贫寒的读书人能够开颜欢笑，齐聚一堂，身处于"风雨不动安如山"的屋舍内，"吾庐独破受冻死亦足"这种大志与他当时的寒酸处境形成了鲜明的对比。

****

今天的很多人早已不再"身居陋室"，可他们却频频失去志向，甚

重家教 立家规 传家训 正家风

至于根本不曾立志，这是极其可悲的。在这方面，作为父母要给予子女正确的引导，告诉他们所谓的"立志"不见得一定要忧国忧民、心怀天下，甚至于只要能够遵循一家之规，遵从祖辈制定的规矩，这也不失为立志的一种表现。大到匡扶正义，小到助人为乐、以人为善，谁能不说这也是一种大志呢？

****

58岁的沈龙是福州74路公交车的一名司机，他和妻子住在一间附属间（可说成杂物间）内。之所以住在这里，是因为早年沈龙生意失败，将房子变卖了。

在简陋的附属间内，一个柜子上摆放着"公益之星""爱心大使"等各式各样的奖杯，还有很多锦旗。为了多赚些钱，沈龙每天早出晚归。虽然自己生活清苦，但他从小便遵从父母的教导，养成了乐于助人的习惯。慢慢地，帮助他人成了沈龙生活中最重要的事情。每次看到有公益活动，他都会参与其中，也会频频捐款。

沈龙自建了一个名叫"善友缘爱心团"的公益群，每到寒暑假或者重大节日，他便会发动大家慰问一些身有残疾，生活穷苦的邻里。沈龙自己身居陋室，可内心却丰盈、豁达，他从不在意自己居住的地方。这种淡然也影响着当时正上小学五六年级的女儿。一次，他在新闻中看到距离自己所在地不远的一个镇上的女孩家中困难，便借来300元钱，让女儿一个人乘坐公交车送过去。装钱的信封上写着女儿的名字，这便为女儿开启了一扇乐于助人的大门，就像他一样。

后来女儿成家了，沈龙的两个外孙也与他一样有了自己的"志愿者红马甲"，他希望以后可以一家三代一起做公益。

****

嵇康的《家诫》中说，一个人活着却没有志向，便不算真正的人。

而一个君子只要肯用心,就没有做不成的事情,一个真正有智慧的人,在行动之前都会先想好对策。倘若想做的事情与自己的志向契合,他就会心口合一,坚定不移,宁死也不放弃。

沈龙的助人为乐,热心公益,便是他这段人生中最大的"志向"。又或者说,他本人并不计较是否立下大志,然后持之以恒,他只是追随自己的内心意愿,平凡之中见伟大。

从一个个实例中,父母应该提炼出最有价值的教育子女的方法,告诉他们不管眼下的处境如何,怀有梦想,并愿意为实现这一梦想不断付出,且不求回报,终有一天,这份坚持会为他们赢得掌声。

第八章

教子有道，美德永传

　　子女犹如白纸，父母如同画家，纸上呈现出什么样的画作，全赖于手执画笔的父母有怎样的"画功"，"画功"便是教子之道、爱子之方。有智慧的父母总会因地制宜，同时也从不会忘记教之以德。

重家教 立家规 传家训 正家风

1. 勉子树德，做一个正直宽厚的人

古人教育子女侧重于立德向善，讲诚信、守承诺，要有一等的人品，一等的德行。这一点非常值得后人借鉴，因为古人找到了为人处世最本质，也是最重要的东西，让子女无论何时都能够做到明辨是非黑白，做出正确的选择。从这个角度看，教导子女树立德行，是父母留给他们的最宝贵的财富。

《大学》中云："故君子先慎乎德。有德此有人，有人此有土，有土此有财，有财此有用。德者，本也；财者，末也。"德行是承载万物的根本，有德行的人才有获得更多财富的可能。当然，这里的财富不单单指物质财物，更多的是说精神财富。一个人精神上的富足，是多少金钱都换不来的。因大德而来的精神财富会伴随终生，取之不尽用之不竭。

****

清代大学士张英为官清正，乐善好施，他在教子上也十分有方、有道。他在《聪训斋语》中说，做人必须立品，要读经书、修善德、慎威仪、谨言语。在家庭教育中，他主张不要声色俱厉，要多以浅白明了的语言，细心、耐心教导子女。

在教导儿子张廷玉处世时，他说，在与别人交往时，一言一事都要利于他人，这才叫善。又说，能处心积虑一言一动皆思益人而痛戒损人，则人望之若鸾凤，宝之如参苓，必为天地

第八章　教子有道，美德永传

之所佑，鬼神之所服而享有多福矣。牢记父亲教导的张廷玉自幼熟读经书，为人宽厚仁慈，后来成为大学士、军机大臣。

再后来，到了张若霭——张廷玉的儿子这一代，张氏家风依然得到了完美的传承。张若霭参加殿试，中一甲三名探花，张廷玉知道后，便请求皇上说："普天下人才众多，三年大比莫不想望鼎加。臣蒙恩现居政府，而子张若霭登一甲三名，与寒士争先，于心有未安。倘蒙皇恩，名列二甲已为荣幸之至。"他觉得自己的儿子还年轻，必须继续刻苦学习，积攒福德，这样才能更加务实，所以恳求把他的儿子列为二甲。雍正皇帝同意了他的请求，把张若霭改为二甲一名。

优良的家风让张家的每一代都出类拔萃，张若霭后来在南书房、军机处任职，尽忠职守，品格高尚，世人都称赞张家的家风淳厚，一家三代都深受百姓的爱戴。

✱✱✱✱✱✱✱✱✱✱✱✱✱✱✱✱✱✱✱✱✱✱✱✱✱✱✱✱✱✱

良好的家风是一个人成长的优质土壤，有了好家风，就会有好的成长环境，也就自然地会养成有德行、识礼仪的品格，在人生路上便会越走越顺。

刘向说："树高者鸟宿之，德厚者士趋之。"有德行的人，可以吸引到更多的有德者，换句话说，人们都愿意与有德行的人交往，这样的人让人感觉踏实、可靠，值得信任，同时也更受人尊重。因而，无论在古代还是今天，重德的家风都一样备受推崇，也是父母应当让子女遵守的一个基本的行为规范。

✱✱✱✱✱✱✱✱✱✱✱✱✱✱✱✱✱✱✱✱✱✱✱✱✱✱

明代思想家袁了凡的母亲李氏，是一个宽厚、善良、勤俭持家的妇女，她非常重视培养儿子的德行和品格，特别是仁善的品质。

袁家和沈家是邻居，但却有"世仇"，沈家人排斥一切与

重家教 立家规 传家训 正家风

袁家有关的东西。袁家有一棵桃树的树枝伸出墙外，沈家马上把树枝锯断了。孩子们见此情况，便纷纷跑去告诉母亲李氏。李氏对孩子们说："他们做得对，我们家的桃树怎么能占用了别人家的地方呢？"

沈家有一棵枣树，长着长着也伸到了袁家的院内。等结出枣子后，李氏便把孩子们叫到身边，叮嘱道："这是沈家的枣子，你们千万不能吃人家的东西啊！"然后嘱咐仆人悉心看护。等枣子成熟后，她便让人把沈家的仆人请过来，当面把枣子摘下来让他拿回去。

还有一次，袁家的羊跑到了沈家的院子里，沈家人看到后，二话不说便把羊打死了。转过天，沈家的羊也跑进了袁家的园子，袁家的仆人们非常高兴，想打死羊来报仇。但李氏及时地制止了他们，还让人把羊送还给沈家。

沈家人生病时，李氏不但让她丈夫亲自上门医治，更免费赠药，甚至还组织邻里为沈家捐款，并送给沈家一石米。李氏的一系列善举让沈家大为感动，这种仁爱和厚德让沈家放下了恩怨，后来与袁家结为了姻亲。

****

李氏的一言一行都为孩子们树立了榜样，让他们意识到待人以德会有怎么的回报，也由此树立起了仁德的家风，促使袁家后代人都成长为与人为善、正直宽厚的子孙。

****

刻苦学艺、戏比天大，是梅家的家训，这样的家训让梅家子孙在继承梅派艺术时格外认真，梅兰芳更是把梅派艺术提升到了一个新的高度。在山河破碎之际，为了国家，在日寇侵我山河、气焰嚣张的岁月里，梅兰芳蓄须明志，息影舞台，表现了崇高的爱国气节。梅兰芳一生律己甚严，他不但把自己的表演艺术传给诸多弟子和儿子梅葆玖，同时把梅家谦虚谨慎、俭朴随和、乐善助人的淳朴家风传给了子孙后代。

****

良好的家风饱含着道德节操的要求，对家庭成员会产生鲜明而有力的约束，所以父母在教育子女上要把"德育"作为重中之重和重要基础，一切行为和思想都应在此基础上发生、发展，久而久之，这种仁德的家风会让整个家族永世受益。

2. 训子有方，一生受益

古人认为，人生至要无如教子。在教子上无方无道，就证明家族没有正统优良的家风，在这样的环境下成长起来的子孙，也很难取得突出的成就。

《颜氏家训》中说："人生小幼，精神专利，长成以后，思虑散逸，固须早教，勿失机也。"人在小的时候，注意力不但专注，而且敏锐，长大成人后精神涣散，不容易专心，因此必须在小时候开始教育，切勿错过最佳的教育时机。父母要重视对子女的训教，切勿产生"孩子还小，长大自然懂事"的错误观念，倘使不能让他们在幼时便心灵纯洁，长大后习性已成，是不容易斧正的。

父母在训教子女上也要讲求方法，这种方法表现在两个层面。第一，是训教本身的方式，比如引经据典，通过故事加以引导和启发；第二，是训教的时机，即便错过了幼时的训教时间段，也不要就此放弃，对待长大成人的子女，一样要及时训诫，及时督促，以让他们终身受益。

家 重家教 立家规 传家训 正家风

✱✱✱✱✱✱✱✱✱✱✱✱✱✱✱✱✱✱✱✱✱✱✱✱✱✱

战国时期，楚宣王手下有一员大将，名叫子发，他的母亲是一位忧国忧民的老者。一次，儿子率兵与秦国交战，老夫人见来了一名前线使者，便询问前线士兵的情况。

使者回答："大家都很辛苦，我回来就是奉将军之命，向大王禀报战况，希望能为前线运送一些粮草。眼下军中只有少量豆子，将士们只能分着吃。"

老夫人听完，面露担忧的神色，少顷，她又问使者："你们将军的身体怎么样？"

使者一听，心想果然天下的母亲都一样，都很担心自己的儿子，于是连忙回道："老人家请放心，将士们虽然辛苦，但不能让将军跟着吃苦，将军每顿饭都有米饭和肉食，身体很好。"

老夫人一听这话，不由得面色凝重。使者不知道怎么回事，也没再说什么，便离开了。

后来，子发率领的军队击败了秦军，班师回朝。回家探望母亲时，他觉得母亲肯定会十分高兴，可来到家门一看，家门紧闭，叫门不开。子发一头雾水，不知道出了什么事情。

过了一会儿，出来一名仆人，对子发说："你知道越王勾践伐吴的事情吧？有人给越王勾践献上一罐酒，他便叫人把酒倒入江水上游，让士兵们喝下游的水。即便大家没有尝到酒的味道，但每个人的战斗力却提升了五倍。几天后，又有人给他献上一袋干粮，他还是把干粮分发给了所有将士。大家虽然都没吃饱，但每个人的战斗力却提高了十倍。"

子发听完，问仆人："你说这些是什么意思呢？"

"你还不明白吗？你作为将军，率兵到前线打仗，粮食不足，将士们只能分吃豆子，你却顿顿吃肉和米饭，这成何体统？"

子发听到这话，惭愧地低下了头。

仆人又说："这些话都是老夫人让我说给你听的，她还说，你这样做算不得她的儿子，就不要进家门了！"

子发觉得母亲的话很有道理，也意识到了自己的错误，便立即向母亲请罪，并表示一定更改。母亲听后，才让他进门。

****

俗话说，"严师出高徒"，对子女提出严格的要求，有助于他们改正自身错误，保持清醒的头脑。

《双节堂庸训》中说："欲后嗣贤达，非教不可。"为人父母都渴望培养出贤达有德的后世子孙，所以教育引导是不可或缺的。同时，要训之以道、教之以严，让子女意识到一件事情怎样做才恰当，走什么样的路才叫正途。

****

乔致庸是乔家第四代人，他有6个儿子，11个孙子。他执掌乔家时期，可谓人丁兴旺，四世同堂。管理这么庞大的家族，不讲求方法和策略自然不行。他时常告诫子孙：经商处事要遵守一个"信"字，以诚信赢天下。在治家上，他把《朱子治家格言》奉为准则，作为家族儿孙的启蒙读本，写在屏门上，儿孙们每天都要依规而行。

如果儿孙做错了，乔致庸会让他们跪在地上背诵，至于有针对性的地方，还要反复多读几次。接着再做一番训教，直到把规矩牢记于心。

对于6个儿子，他也有针对性地训教：长子张扬跋扈，不能委以重任；次子脾气暴躁，缺乏商人的眼界和能力；三子太过忠厚，不能经商；四子纯朴愚钝，不擅交际；五子醉心于读书，不喜经营；六子身体羸弱，难以继承大业。乔致庸对6个儿子的脾气秉性可谓知之甚详，所以在训教上更能做到有的

重家教 立家规 传家训 正家风

放矢。

另外，乔致庸很看重长孙乔映霞，他心地仁厚，为人机敏，所以乔致庸对他寄予厚望，也格外重视对他的教诲。比如"气忌燥，言忌浮，才忌露，学忌满，胆欲大，心欲小，知欲圆，行欲方""为人作事怪人休深，望人休过，待人要丰，自奉要约""思怕失益后损，威怕先紧后松"等，这些教诲对乔映霞影响巨大。

为了让乔家后代子孙能够永世延绵，乔致庸在树立家风上可谓良苦用心，无论是为人处世，还是经商技巧，他都有独到的见解，而乔家子孙也在这样的家风之下受益良多。

****

对子孙后代的训诫要讲求方式方法，一则要针对他们不同的脾气秉性采用不同的方法。再则，不允许家族成员对所树立的家风"区别对待"，无论是谁，有怎样的性情，都必须严格遵从。当然，在一个统一的家风之下允许"差异"的存在，只要子孙行得端、做得正，是可以尽情展示他的不同的。

3. 一视同仁，不护子之短

父母对子女总是充满怜爱之心，而一旦这份爱变得不理性，就会变成没有原则的溺爱。这种教育观念，会对子女的人生观、是非观产生巨大的负面影响，会让他们养成恣意妄为，不为他人着想，自私自利的性格。

父母是子女的启蒙老师，子女则如同父母的一面镜子，子女的一言一行所反射出的恰是父母自身的修养、品格和德行。当然，每个人都是独立的个体，在独自成长的过程中会沾染上父母训诫以外的不良习性，此时父母要当好子女人生舵手的角色，为他们保驾护航，绝不能因他们是自己的子女而"心慈手软"。

****

战国时期，赵国与秦国在长平交战。当时赵国大将赵奢已经去世，蔺相如病重，由老将廉颇亲自带兵应战。廉颇采取以逸待劳的策略，以守为主，秦国却打算速战速决，所以派出奸细散播谣言："秦国天下无敌，但唯独害怕赵奢的儿子赵括。"赵王原本就不赞成廉颇的策略，所以听到这样的传言，便马上召回廉颇，让赵括担任全军统帅。赵王的这个决定，引起了赵括母亲在内的很多人的强烈反对。

赵奢是一代名将，赵括自幼耳濡目染，的确看了很多兵书，且胸有大志。说起军事理论，赵括可谓如数家珍，不过赵奢清楚儿子的缺点，一早便告诉同僚不要让自己的儿子当将军。此时赵王下令重用赵括，病榻上的蔺相如也极为反对，但赵王仍一意孤行。

赵母见儿子一副踌躇满志的样子，打点行囊准备赴任，也急忙上书赵王，直言自己的儿子绝对不能带兵打仗。赵王有些疑惑，便派人询问赵母缘由。赵母说："赵括谈论兵法时很有一套，可关键在于他从没有实战经验。"

赵王不听，坚持让赵括统兵，无奈之下，赵母便请求赵王，一旦自己儿子打了败仗，不要治罪于家人。赵王点头答应。

赵括到达前线后，把廉颇的部署彻底换了个模样，并由守转攻，与秦军在长平大战。秦军了解赵括，知道他傲慢轻敌，不善于变化，所以连连获胜。最终，赵括被困，在突围时战死沙场。

****

没有比父母更了解子女的人了。赵母能够在赵王提拔儿子时出面制止，无疑显示出了她对儿子的"爱"，她知道儿子只懂"纸上谈兵"，所以率军出征只会惨败。不过，知其子短而不护短却并不是所有为人父母者能够做到的。

很多父母对子女的爱早已泛滥，唯子女马首是瞻，一旦子女获得某些成绩，则更是喜不胜收，逢人便说，只求对方也能像自己一样笑逐颜开。这本是人之常情，可从训教子女的角度和树立优良家风的层面看，则是不合适的。不少做出失礼失德之事的子女，正是因为家风不严、父母过度宠爱，才觉得有恃无恐，犯了错误丝毫没有悔意，甚至认为没什么大不了的。子女产生这样的想法，实在是父母之悲。

爱子，应教之以义方，不可护短心理，不因为他们是自己的子女便将内心公正的天平倾斜。父母的言行举止对子女的影响之大自不待言，所以为人父母要承担起相应的教育和引导责任，这是对自己负责，也是对子女的将来负责。

****

某市一个小区的11辆私家车被人用石头划伤，车身上伤痕累累。警察在查看了小区的监控录像后，发现肇事者是一个小男孩，可并不能清晰地看出是谁家的孩子。

事发第二天中午，派出所接到一位妈妈的电话，对方说明划车的是她10岁的儿子，他们家里愿意为此事负责，为孩子所做的一切承担后果。小男孩在做了这样的事情后，也意识到了问题的严重性，诚恳地向妈妈承认了错误。

当晚，小男孩的父母在每个单元都贴上了一张署名为"深感抱歉的家长"的道歉信，语气诚恳。之后，妈妈带着小男孩亲自登门道歉，其中几位车主还收到了小男孩亲手折的小纸船，船上写着"对不起"三个字。

　　车被划伤的车主原本怒气冲冲，但小男孩母子的举动让他们表现出了宽容。得到车主的谅解后，小男孩的妈妈又主动与车主协商赔偿事宜，有几辆车送去了维修厂，还有几位车主表示会自己维修。

****

　　小男孩父母不护短的举动值得推崇，更值得赞扬。知错能改，并敢于为自己的所作所为承担后果，理应是父母教育子女的第一课，这有助于子女走向社会之后变得更独立，且具有更强的抗压能力。

　　从父母的角度看，对待犯错者要一视同仁，不能因为他们是自己的子女便觉得他们可以享有特权，继而"从轻发落"。如果不能严格要求他们，在他们犯错时隐瞒、包庇，甚至转嫁错误，那只会让他们养成逃避责任的习惯，等到他们日后长大成人，也会缺乏担当意识。因此，父母必须"公事公办"，切忌让一时的爱变成永恒的痛。

4. 教导子女怀有"天下为公"的心量

　　《孟子·离娄上》中说："天下之本在国，国之本在家，家之本在身。"归根结底，人是组成家庭的根本，也是组成国家、天下的根本。一个家族的兴旺，一个国家的强盛，总是离不开个人的不懈奋斗，所以说，个人与家庭、国家和天下之间从始至终就有着密不可分的关系，是不可割裂的。

重家教 立家规 传家训 正家风

提及"天下为公",很多人觉得这一说法既大又空,不切实际,这是因为在他们的认知中,家国思想、家国情怀总是遥不可及,在日常生活中难以触碰。但其实,一人之心、一人之身就能呈现出一个家庭、一个国家的本质和状态。

如果没有"天下为公"的思想,凡事斤斤计较,缺乏容人、容天下的气魄,便容易自私自利,偏安一隅,在自己的小天地沾沾自喜。

天下人管天下事。"天下为公"也即是表明"这个世界属于世界上的每一个人"。一个家族的家风中,不可或缺的便是这种"以天下人心为己心"的观念。

✳✳✳✳✳✳✳✳✳✳✳✳✳✳✳✳✳✳✳✳✳✳✳✳✳✳✳✳✳

李世民在晋王李治被任命为太子后,担心他不能继承王位,守护好大唐江山,所以时常会细心地教导他、启发他。

吃饭时,李世民对李治说:"你要知道农民耕种的艰辛,不随意占用他们的时间,才能吃上这样的饭食。"骑马时则说:"你必须分配好它劳役和休息的时间,才能更好地骑乘它。"

一次,父子俩乘船渡渭水,正值汛期。船行至河心时,不禁上下颠簸起来。李世民看着翻滚的河水,对李治说:"你知道吗,水可以让船漂浮,也可以让船倾覆。天下的百姓就像河水一样,帝王则像船。百姓可以听命于帝王,但也能推翻帝王。所以作为帝王,一定要小心谨慎!"

过了河后,李治来到一棵树下歇息,李世民走了过去,看看大树后说:"这真是一棵好树!"转而对李治说:"木材必须经由木匠的精心雕琢才能端正,帝王也要听从大臣的劝谏才能英明。你一定要牢记于心啊!"

第八章 教子有道，美德永传

贞观二十二年，李世民身体越来越差，感到自己即将死去，便为李治写下《帝范》十二篇，并说："里面写了修身立德、治理国家的事情，一旦我不在人世，这就算作我的遗言吧。除了这些，我也没有其他想说的了。"

李治接过《帝范》，泪流满面，表示自己一定会严格按照《帝范》所写行事。李世民又说："一定要以古圣先贤为师，不要学我，若是学我，就连我都比不上了。"一旁的大臣纷纷表示李世民是贤明的君主，李世民却说："世人太过赞誉我了，我有很多不对的地方，比如修建宫殿，比如劳民伤财，这都是我的过失。"李治说："陛下曾让儿臣去各地考察，了解百姓疾苦，儿臣所到之处，都对陛下赞不绝口，怎么能说有过失呢？"李世民说："我没有过度使用民力，为百姓带去的益处很多，又建立大唐，确有功劳。由于为百姓带去的益处多，损害少，所以百姓没有怨声；也因为功大于过，所以事业没有垮掉。可要比起尽善尽美来，还相距甚远啊！"又说："你没有我的功勋，但继承了我的王位，所以必须励精图治，才能保住江山，倘若骄奢淫逸，我想你连自保都做不到。一个政权的建立既漫长又艰难，但要让它垮掉却是眨眼之间。所以你一定要爱惜、谨慎啊！"

李治一边磕头一边说："陛下金玉良言，儿臣自当永生不忘，不让陛下失望。"李治便是唐高宗，他是唐朝的第三位皇帝，在他的治理下，大唐王朝版图扩至最大，维持了三十二年之久。

✳✳✳✳✳✳✳✳✳✳✳✳✳✳✳✳✳✳✳✳✳✳✳✳✳✳✳✳✳

古代帝王对子女的教导也许有别于普通人家，不过其中的道理却是相同的。所以时至今日，拥有"天下为公"的心量依然不过时，且还有了另一番意义。

以天下心为己心，首先是让子女拥有大思想、大格局，拥有健康的

重家教 立家规 传家训 正家风

天下为公

三观，热爱生活，积极向上，心中有爱，与他人能够和睦相处。其次，不忘历史，且要做到了解历史，用现代的视角重新审视历史，以增长见闻、拓宽眼界。最后，积极参与社会活动。既然要做到"天下为公"，便要培养"只奉献、不索取"的崇高的思想观念，成为一个有责任、有担当的现代公民。

退一步讲，"天下为公"并非消除自身的一切欲望，凭借自己的双手创造更多彩、富裕的物质生活，是建立精神堡垒的必要前提和基础。

第九章
处世以廉，俭约自守

倡廉洁以净心，反腐败以守节。父母应教导子女做人要正，处事要廉，因为廉洁自律的人拒贪、拒占，会主动抵御诱惑，不会向他人索取好处，更不会以贿赂为自己开道。当他们拥有一颗廉洁之心，便会处事公道、不失偏颇，无愧于心、不惑于情。

1. 清廉以修身，勤俭以养德

清朝张廷玉的《澄怀园语》中云："为官第一要廉。养廉之道，莫如能忍……人能拼命强忍不受非分之财，则于为官之道，思过半矣。"要想彻底悟透为官的道理，首先要做到克制自己的贪欲，不拿不该拿的钱财，克己复礼，学会忍耐。

古代很多名士都倡导树立廉洁的家风，时至今日，创建清廉家庭也应该成为每个家庭成员的责任。树清廉家风，让家庭成为廉洁港湾，需要所有家庭成员上心用心，积极践行，父母长辈在其中要扮演精神层面的向导，同时要以身作则、率先垂范，如此才能做到以廉养德、以廉兴家。

清廉是一种力量，也是对信仰的追求、对道德的坚守，更是一种对待人生的态度，是修身之法。以清廉傍身的人，内心会有一种超脱世俗的能量，对一切身外之物都具有天然的免疫力，不会在诱惑面前失去自我，坚守初心，廉洁自奉。

****

南北朝时期的裴侠是一个清廉的官员，生活上极其节俭，每顿饭只吃豆麦、咸菜一类的食物。他所管辖的州郡风气和顺，当地百姓对他大为赞赏。

裴侠的九世伯祖裴潜也是一个廉洁的官员，裴侠便为他写了一本书，用祖辈的品行、作风来约束自己。他还把写成的书分发给家中所有做官的成员，希望他们也能学习祖先的为官之道、清廉之风。

裴侠的堂弟裴伯凤、裴世彦当时都是丞相宇文泰的幕佐，他们眼见裴侠官居高位却一身清贫，不禁挖苦道："别人做官，都会让自己生活富足，声名显赫。可是您如此清苦，又有什么用呢？"

裴侠说："为官理政应当以清廉为本，节俭更是立身处世的前提。更何况我们的祖辈历经几代人的努力，才留下了清廉的美名，他们在世时就得到了朝廷的认可和赞誉，去世后一样青史留名。现在我侥幸凭借一点点平庸的才能在朝廷担任职务，每天粗茶淡饭，廉洁自奉，并不想获得多好的名声，只是为提升自身的修养，担心做得不好，辱没了祖先的声誉而已。这样却被你们挖苦、讥讽，我还能说什么呢？"裴伯凤、裴世彦听了他的话都深感惭愧。

✱✱✱✱✱✱✱✱✱✱✱✱✱✱✱✱✱✱✱✱✱✱✱✱✱✱✱✱✱✱✱✱

大事小事秉公处理，小节大节廉字为先。清廉除了是为官之本，更是修身之本。一个拥有廉洁意识的人，自然会有高尚的品格、德行，在为人处世上会恪守原则、不贪不占。在他们的认知里，吃饱穿暖是基本要求，也是最高要求，他们不重视满足口腹之欲，更摒弃奢靡之风，这些扰人心智、迷人心窍的诱惑与他们一直坚守的洁身自好恰恰相反。所以，他们会主动远离容易产生祸端的名与利。

清廉并不专属于为官者，对普通家庭来说，崇尚廉洁、树立廉洁家风，也同样是家庭成员修养身心的关键。克己奉公、不贪不占是廉，清清白白、干干净净同样是廉。普通人在生活中一样有面对诱惑的时候，当内心欲望与清白处世的原则相抵时，到底应该选择站在哪一边，源于一个人的内心是否干净、纯洁。

同时，清廉也意味着勤俭。一个人清廉，也自然会勤俭节约，二者相辅相成，都源于一个人自身的德行。无论是清廉还是勤俭，对一个人的德行和修养都会起到显而易见的助推作用。

历览前贤国与家，成由勤俭败由奢。回顾往昔，不管是一国还是一家，奢侈腐败都是繁盛兴旺的克星，唯有勤俭才能长治久安，因而勤俭的家风在新时代仍具有重要的意义。

****

60多岁的张天庆是云南省文山麻栗坡县董干镇马林村党支部的一名委员，他全家有7口人，在他的带动下个个都是勤俭能手。曾有记者走访到此，看到张天庆一家人快要成废品开发专业户了。不管是废旧的泡沫、包装纸，还是牙签、纽扣，在他们手中都变成了精美的多功能储物架；一些保暖内衣盒、酒盒、头饰也被一一做成了既好看又实用的化妆品盒，旧毛线变成了拖鞋、椅垫，废旧的衣服也被充分地利用了起来。

在张天庆的带动下，整个杨金路街道吹起了节俭之风，街道办事处更是成立了督导队，大力落实节俭、反对浪费。

****

从古至今，勤俭节约都被大力提倡。《菜根谭》中云，惟恕则平情，惟俭则足用。一个人想要内心平和，必须要宽容；想要富足，则必须要节俭。再则，节俭有助于养成质朴勤劳的德操，从一个人日常生活中的小细节、小习惯中，也可以看出他的德行、品格。

有人说，"我的劳动所得，想怎么花是我个人的意愿，没人可以管我！"话虽如此，但当一个人没有节制，缺乏自我控制的能力，大手大脚、铺张浪费，他的品德也会受损，更会因此而影响自己的人际关系。

"粮收万石，也要粗茶淡饭"，古训自有其道理，勤俭淡泊的生活能够陶冶性情，培植福德、颐养心性，更会让人拥有一颗祥和而宁静的心。

2. 公生明，廉生威

"惟公则生明，惟廉则生威"，这是为官者应恪守的两句格言：只有公正才能清明，只有廉洁才能威严。

为官者应处事以公，做到公正才会让更多人信服，从内心深处产生尊重感和信任感。也就是说，说话做事要站在大多数人的利益一边，尽力做到立场公正，不偏不倚。如此，便能得到大多数人的拥护。

此外，为官者还要为人以廉。清廉一向是为人尊崇的美德，清廉会让一个人自然而然地散发出一种威严，这是因为清廉的人"百毒不侵"，任何"牛鬼蛇神"也别妄想靠近他，所以，不管是为官者还是普通人，保持廉洁都会让你在说话做事时更有底气，正所谓"不做亏心事，不怕鬼叫门"。

在家庭树立廉洁家风方面，父母要对子女提出高标准、严要求，不管是父母本身为官，还是子女为官，抑或家族成员是普通百姓，都必须在廉洁上做到严格要求，从这个角度讲，只有家风更"严"，家族成员才会更"廉"。

✻✻✻✻✻✻✻✻✻✻✻✻✻✻✻✻✻✻✻✻✻✻✻✻✻

冼夫人是中国历史上杰出的女领袖和军事家，她极为重视家风建设，她以身作则，率先垂范，以言传身教影响后人，在家教上十分严厉，由此培养了淳厚的家风。

冼夫人一生致力于平叛乱、推仁政，十分繁忙，可依然不忘建设家风，她常常对子孙和身边人进行廉洁教育。她的兄长冼挺当时是州刺史，倚仗权势掠夺周边州县的资源。冼夫人知道后，毫不徇私，一再劝说兄长，终于使其转变了态度。

对内，她有一身正气，对亲人和身边人从不徇私；对外，则惩腐警恶，令百姓十分信服。她崇尚德治，在执政时期十分推崇以德行治理国家，由此实现了汉俚两个民族的融合。

在推行"德治"的同时，冼夫人也很注重法治，要求官员都要对政府律令烂熟于胸，并严格实行"首领有犯法者，虽是亲族，无所舍纵"的政策，也就是无论谁犯了法，都会依法处置。一次，她派遣孙子冯暄率兵解救广州，但冯暄却因为与两名朝廷大员的关系而按兵不动，贻误了战机。得知消息后，她毫不留情地按照军法处置了孙子，也由此树立了威信。

冼夫人一生秉公处事，到了晚年也依然廉洁自守。她在80岁的寿宴上拒绝了宾朋所送的礼物，甚至还为此大发雷霆。在她的观念里，一家人聚在一起，即便粗茶淡饭也一样快乐，慢慢地，这成了一条家族成员铭刻于心的家训，家里上下都形成了"清廉"的风气。

✳✳✳✳✳✳✳✳✳✳✳✳✳✳✳✳✳✳✳✳✳✳✳✳✳✳✳✳✳✳✳

"公生明，廉生威"在冼夫人身上得到了完美的体现，她用自己的一言一行、一举一动影响着家族成员，为他们树起了一面廉洁大旗。

清廉会消除个人私欲，使人心中没有为个人利益争抢的念头，面对任何事情都会秉公处理，没有偏颇，他们的内心是干净的、清白的，不允许有丝毫玷污，因而没有任何人可以用任何形式摧毁他们廉洁的堡垒。

清廉也意味着一视同仁，不因对方是自己的亲属或是某位领导的"关系户"而大开绿灯，一旦做人做事有"两副面孔"，搞双重标准，那么不管这样的人在工作上做出了多么突出的成绩，或从没有收受他人的赠予，也同样不是纯粹的清廉。

清廉，是一碗水端平，不分对象、不看背景，只在乎是否符合公正、廉明的标准，所以清廉总是带有一种"威严感"。

著名经济学家、教育家、人口学家马寅初，是一个十分廉洁的人。他曾担任浙江省财政厅厅长。

一天，德清县有人托人送给马寅初一千块大洋，这笔钱数目不小。那人是想让马寅初行个方便，开个后门，让他担任某县县长。马寅初闻听此言雷霆大怒，呵斥道："真是不要脸的东西！这种人现在可以用钱打通关节，等真坐上县长的位置，肯定是个贪官。就凭这一点，他就绝对不能当县长！"之后，他马上让来人把钱退了回去。

廉洁奉公的马寅初十分痛恨行贿受贿，他的一颗廉心、一颗公正之心，促使他始终站在老百姓的阵营，真真正正、踏踏实实地为老百姓做事，至于那些依靠见不得光的手段妄图达成目的的人，是永远无法走进他的内心的。

明代学正曹瑞说："吏，不畏吾严，而畏吾廉；民，不服吾能，而服吾公。廉则吏不敢欺；公则民不敢慢。"廉洁的家庭自然有一股廉洁的家风，家族子弟也会努力将心中的"利"字拔除，立志做清白、公正的人，这不但会让自己受益，也会让后世子孙获福。清廉不贪的品质不独属于为官者，任何人只要心底无私，都会得到他人的尊重和敬佩。

3. 清廉传家惠久远

唐朝著名史学家吴兢说："以天下为家，不能私于一物。"意思说，要把天下当成自己的家，不能对任何一物产生私心，妄想占为己有。也就是说，要把廉根植于心，让清廉成为一种习惯，在生活中的方方面面都体现出廉。

如果能做到把廉洁印刻在骨子里，那么无论何时何地，都会很自然地表现出清廉，而无须刻意提醒自己处事以廉。因为真正的清廉是一种下意识。

身廉一世清，家和万事兴。灯红酒绿、声色犬马的生活会迷惑一个人的心志，从而渐渐地与廉相去甚远，与贪越走越近，久而久之，贪婪会桎梏人的手脚，并最终将人推进腐败的囚牢。所以，在一个家庭中，父母要把握正确的航向，以便让"廉洁的家风"助力家庭这艘巨轮扬帆远航。

****

三国时期，曹魏大臣胡质"沉实内察"，且为官清廉，深受时人的赞誉。他的儿子胡威也受到父亲的影响，年纪轻轻便立志要像父亲一样清廉自守。

这一年，胡威从洛阳前往荆州探望父亲。胡质一生廉洁，家境贫寒，所以胡威一路上也没有车马相随，只身一人骑着一头小毛驴赶路。途中住客栈时，也亲自劈柴、做饭、喂驴，走了很久才抵达荆州。

到了荆州后，为了不打扰父亲，他一个人住在驿站，十余天后便向父亲辞行。临行前，胡质对不能陪伴儿子心生愧疚，于是拿出一匹绢给儿子做盘缠，表达一下做父亲的心意。不料胡威看着绢，质问道："父亲一向为官廉洁，又是从哪得到的这匹绢呢？"胡质见儿子这么问，笑着说："为父虽官居刺史，可不贪不占，只领取自己的俸禄，这匹绢是我节余下来的，用来给你做盘缠吧。"听完父亲的解释，胡威才收下了绢帛。

返回洛阳的途中，胡威遇到一个人，非要与他结伴而行，一路上还大献殷勤。胡威心生疑惑，便设法引他说了实话。原来，这个人是胡质帐下的都督，他特地提前请假回家，买了所需的物品，在百里之外等待胡威，打算与刺史的儿子搞好关系，之后就能靠上胡质这棵大树了。

胡威得知这一切后，马上与他分道而行，还把那匹绢给了他，作为路上照应自己的回报。后来，胡威写信给父亲，胡质看过信后大发雷霆，责打了那名都督，并除掉了他的吏名。由此可见胡质、胡威父子的清廉谨慎。

胡威后来当上了徐州刺史，在他的治理下，徐州当地的风气一片祥和。一次，晋武帝问胡威："你现在官声甚好，与你父亲相比，谁更清廉？"胡威回答："我不如我父亲。"晋武帝询问原因，胡威说："我父亲唯恐别人知道他的清廉行为，但我却唯恐他人不知道，所以我的修为远远比不上父亲啊！"

****

一门两父子，清廉万代传。清廉自守的意识只有扎根于心，与自己的所行所为融为一体，自然地展现出来，才是值得赞颂的。

人很容易受到外物的诱惑，在被诱惑时往往并不自知，归根结底，是因为贪念存于心，诱惑只是起到催化的作用罢了。倘若内心刚强，视金钱和名利于无物，那么纵然有再强有力的诱惑，也不会产生任何"反应"。

为官者的家风不是一个人的事，也不是一个家庭的私事，它关系到社会风气的大层面。没有良好的家风，家庭成员就不会有清正的作风，继而会在很大范围内刮起一股歪风邪气。

****

吕某是某省国土资源厅副巡视员，手中握有重权。一次，商人何某通过了吕某的儿子与他搭上关系，想在地产开发上寻求帮助。那时吕某刚刚上任不久，同时还兼任市国土资源局党委书记、局长，在参与决定土地使用权出让和土地征用审批上很有话语权。

贺某与吕某的儿子曾是同学，吕某便不假思索地利用职务为贺某行了方便，为其谋取了多重利益。尝到甜头后，贺某再次拉吕某的儿子入伙，一起弄了一个"咨询项目"。吕某见儿子也参与其中，只是叮嘱儿子多加注意，不要影响招商引资等大事，便再次睁一只眼闭一只眼。

很快，贺某的项目完成，吕某的儿子从中分得450万元。吕某父子俩也投桃报李，私下里让贺某的生意进展得更加顺利。

案发后，纪检监察机关对吕某父子进行调查。吕某在事后忏悔道："我后悔和深深忏悔的一件事，就是我带着儿子一起贪腐给家庭带来了深深的伤害……"

****

4. 子廉则父母宽心

为人父母，最宽心的莫过于子女有出息。什么是有出息？有些人觉得子女大富大贵才算有出息，有些人觉得子女能够自食其力，依靠自己的勤劳发家致富也算有出息。出息应相对而言，没有绝对的标准，即没有任何明确规定要达到某种程度才算有出息。退一步讲，不让父母脸上无光，不给父母脸面抹黑，也同样是有出息的表现，这样的子女才会让父母宽心。

✱✱✱✱✱✱✱✱✱✱✱✱✱✱✱✱✱✱✱✱✱✱✱✱✱

曾致尧是曾子的四十一代孙，他是北宋开国后，南丰曾氏子孙中第一个进士及第的人。曾致尧忠孝清廉，完美地继承了曾氏祖上良好的家风。他遵从父母的训诫，为官期间清白自守、廉洁自律。

一次，已经身为光禄寺丞的曾致尧请假回乡探母，为母亲居氏祝寿。亲族乡邻看到曾致尧衣冠破旧，随行的仆人和马匹都很瘦弱，不禁议论纷纷，甚至嘲笑他不会做官，不然怎么会看起来如此寒酸呢？

周夫人听到后却格外开心，笑着说："我儿子做了官还这么清贫，这实在是我的荣耀！倘若他搜刮民脂民膏，大肆揽财，身穿绫罗绸缎，骑着高头大马回乡，那还是我平日里教导出来的儿子吗？"

✱✱✱✱✱✱✱✱✱✱✱✱✱✱✱✱✱✱✱✱✱✱✱✱✱

曾致尧为官多年，有很多与达官显贵打交道的机会，但他刚直不阿，不畏权贵，以"性刚率，好言事"为从政之本，极大地改变了所管辖地区的官场风气，使得政治清明、百姓和乐。试问这样的廉官，又怎么会不让父母宽心呢？

反观很多走上贪腐之路的官员，以权谋私，中饱私囊，为了满足个人利益，可谓无所不用其极，致使怨声载道、民不聊生，可他们依然故我，全然不顾百姓的呼声。这样的贪官，只会让父母寒心。

清廉家风会培育出拥有清廉品格的家庭成员，他们会牢记祖辈的训

重家教 立家规 传家训 正家风

教，严于律己，谨慎处事，唯恐自己的一言一行为家族蒙羞。这样的子孙无疑是家族的荣耀，父母也会觉得"与有荣焉"。

****

清代名臣、文渊阁大学士、礼部尚书陈廷敬，是一个以清廉著称的官员。康熙元年，陈廷敬只是翰林院的一个小官，回乡探亲时，他父亲陈昌其在了解了他做官的情况后，勉励道："你清廉的品格十分难得啊！"言外之意，便是要他继续保持这份难得的品质，谨守廉洁的为官之道。

回京赴任之前，陈廷敬的母亲张氏为他整理行囊，又告诫道："儿子你走吧，我会为你娶儿媳、嫁闺女，备好行李盘缠，你千万不要贪图公家的一文钱。"

陈廷敬为官五十三载，始终恪守父母的教导，不曾贪占公家一分一毫。晚年他曾总结自己的一生，以"不负当年过庭语，先公曾许是清官"来表达自己并未辜负父母期望的心情。他本人廉洁自律，同时更要求家人发扬廉洁之风。他的弟弟陈廷弼在赴任临湘知县时，他写诗嘱咐道："宦途怜小弟，慎莫爱轻肥。"他希望弟弟为官清廉节俭，切莫追求奢华的生活。他的次子陈豫朋做地方官时同样以廉洁谨慎著称，政绩斐然，所以等儿子回京之时，便高兴地写诗勉励道："敝裘羸马霜天路，赖汝清明到处传。"

父母对他寄予厚望，他同样对自己的儿子寄予厚望。清廉的家风，就在这一代代的寄望中得以传承。

****

朴素、勤俭的家风最让父母倾心，这是让家族永远保持兴盛的根本和原动力。溯古追今，铺张浪费、大手大脚、骄奢淫逸的家族总是会快速地被历史大潮所淹没，而那些带有人们所追求的美好品格的家族，却因为这样的品质而得以长存于世，甚至千古流芳，为后世所赞叹。

第九章 处世以廉，俭约自守

****

牛玉儒是呼和浩特市党委原书记，他思想端正，廉洁从政，展现出了一个共产党员的高尚品格，而他的清正廉洁与他父亲的教导密不可分。

牛玉儒的父亲是一名老党员，思想深处有着不可磨灭的党员风骨，为人正直，刚正不阿。他告诉儿子："当领导干部要以身作则，不然如何让手下的人服你呢？"他从不要求儿子为他做什么事情，他说："我不要求他为我做什么事，只要能够一心一意为人民服务就行了，我只怕他不能始终如一，不能一直做得那么好。"除了对儿子有满满的寄托，他也坚决排斥有人以牛玉儒的名义走后门、搞关系，他本人就更不会给儿子添麻烦了。他说："我家世代务农，到了玉儒这儿一辈出了个做官的。现在的社会重视物质利益，碰到意志不坚定的，很容易被拖下水，这是让我最担心的。但这不是我担心就可以解决的事情，必须他本人下决心才行……我很担心他犯错误，一听说他干得挺好，我比谁都开心。天底下做父母的哪有不希望自己的孩子好的？"

****

廉者，德心。清廉的人都有着高尚的德操，明大德、守公德、严私德，他们往往耐得住寂寞，在贪与廉面前当机立断，舍贪而取廉，从不让丝毫贪念欲望支配自己的内心和思想。《笑联广记》里有一副对联：见钞就收，馈形如锁；为官不正，贪字近贫。"贪"与"贫"两个字看起来很像，在意义上也互为因果。

贪者处心积虑，不择手段，最终触犯法纪，招致祸端，轻者身败名裂，重则身陷囹圄，甚至因此丧命，这样的贪自然是贫。所以，以廉修身、以廉修心、以廉为荣，树立清廉、清白的家风，才是最聪明智慧的处世之道。

第十章

以诚待人，以信立身

☆☆☆☆☆

"祸莫大于无信"，诚信是做人之本、立事之根，古往今来，讲诚信者才会赢得天下，才会有所成就。父母要教导子女做一个诚信之人，因为不讲诚信的人必然一无所成，最终毁掉自己。诚信是取之不尽、用之不竭的宝藏，也会让一个人更有力量。

☆☆☆☆☆

> 重家教 立家规 传家训 正家风

1. 诚信者，天下之结

　　诚信是一种难得的品质，也是一个家庭应当倡导的家风。诚信的家风会让家族成员更好地在社会上生存，站稳脚跟，因为他们不会失信于人。古往今来，但凡能够成就一番事业的人，无一不是凭借着良好的信誉才步步高升，成为人中龙凤的。因此，做一个诚实守信的人，天下人都会愿意与之结交，此正是"诚信赢天下"。

****

　　卢秀强是江苏秀强玻璃工艺股份有限公司总经理、董事长，他白手起家，一路艰辛创业，凭借着一股不服输的精神和诚信的品质，一步步将一间小厂打造成为业内顶尖的玻璃生产商。

　　卢秀强身上有着所有成功企业家的优秀特质。1992年，他从江苏玻璃厂下岗，当时可谓身无分文，之后他借来2000元钱租用一间门面，办起了玻璃门窗装潢门市。那时候，他白天骑着自行车四处找活，晚上便回到公司切割加工。

　　1993年，卢秀强赚了一些钱，他用这些钱买了一台空气压缩机。他几次三番跑到美菱冰箱厂寻求合作，希望可以为冰箱专用的玻璃做打毛加工。他凭借自己的真诚接到了美菱冰箱厂的订单，一切都开始向着更好的方向发展。

　　但好景不长，就在生意有了起色时，空气压缩机发生爆炸，而他为美菱冰箱厂加工的玻璃因为质量问题也被退回。刹那间，他好像跌入万丈深渊，不但赔上了积蓄，还欠下3000多元的债务。"欠债还钱，天经地义"，他不是个赖账的人，为了还钱，他居然想到去卖血！而正是他的这个决定，挽救了已经倒闭的小厂。只不过，再次踏上创业之路的他，没有了公司，只能"打游击"。

在此后的十几年中，卢秀强又经历了三次濒临破产倒闭的险境，但无论怎么艰难，他都始终坚守诚信经营的理念，绝不让不合格品流入市场。

一次与海外客户合作，对方收到货后说存在"色差"问题，卢秀强马上将这批产品全部召回，并召开全体职工大会，当着大家的面砸碎了价值100万元的玻璃产品。这些产品是工人们加班加点赶制出来的，大家都心疼不已，卢秀强也一样心痛，但人无信不立，公司失去信誉，在市场上也站不稳脚跟。

砸碎百万玻璃的卢秀强，以破釜沉舟之心再次按照客户的要求重新生产，并细致比对，最后如期交付新货，既赢得了市场，也赢得了客户的尊重。他说："我们做出口生意，不是关系到一家公司生意好坏的事情，是关系到中国产品立足世界的问题。咱中国人不能让外国人看不起。所以我们的产品必须以优质取胜，必须以优质产品兑现对客户的承诺。"

凭借着诚信经营的理念，卢秀强的玻璃厂与海外多国的多个客户达成深度合作关系，他的公司也成功上市，每年可以实现数亿元的出口销售额。

※※※※※※※※※※※※※※※※※※※※※※※※

古往今来，诚信经营都应当是从商者必须遵守的基本准则，很多老字号历经数百年的风雨，仍然屹立不倒，靠的便是诚信这一立身之本。卢秀强以其至诚心打动了客户，由此把生意越做越大，足见诚信处事的

重家教 立家规 传家训 正家风

价值和意义。

"有所许诺，纤毫必尝；有所期约，时刻不易"，信守承诺和约定意义重大，它代表着一个人的眼界和格局，不局限于眼前的利益，不热衷于"赚快钱"。

无论是企业还是个人，守住诚信这一底线，都会为自己赢得更多的机会。在家庭教育中，诚信教育不可或缺，它是一块金字招牌，也是人生最高的美德。播下诚信的种子，就会收获他人的信任。

诚信是一种力量，它会让一个人由内而外地散发出一股吸引力，让人愿意靠近，甚至追随。与诚信的人交往，我们会感到踏实和可靠，因为我们知道无论条件多苛刻，环境多恶劣，讲诚信的人都会竭尽所能，即便自己为此付出沉重的代价也在所不惜。

诚信也是一种担当，它意味着一诺千金，我们从小也总是被父母教导：说出去的话必须做到。正如《双节堂庸训》中所说的那样："以身涉世，莫要于信。此事非可袭取，一事失信，便无事不使人疑。"人活在世上，最重要的就是讲诚信，在一件事情上不守信用，就没有哪件事不会让人怀疑。

2. 为人处世，待人以诚

古人云，民无信不立，业无信不兴。诚信是一种可贵的品质，也是一种可贵的家风，通过它的影响和熏陶，我们更容易获取他人的信任，从而无论做什么都会更顺利。相反，不讲诚信的人、没有诚信家风的家庭也很难走向幸福。

父母在家庭中要重视培养子女诚信的品质，因为诚信是从古至今传承下来的美德，也是做人的根本，没了诚信就等于失去了一切，所以对待任何人都要以诚相待，付出真诚与信任，便会收获尊重与敬佩。

****

唐朝时，有一个名叫陆元方的官员，他在洛阳城外买下了"锦绣园"，这是一处十分有名的宅院。宅院内亭台楼榭，十分雅致，很适合居住。

后来，陆元方遭奸人所害，被罢免了官职，赋闲在家，也没有了朝廷的俸禄，生活有些拮据。于是他和两个侄儿商量了一下，决定把锦绣园卖掉，具体事宜全权交由两个侄儿负责。很快，有人看中了锦绣园，并谈好了价钱。不过在对方将要付款时，陆元方却提醒对方："有件事我忘了告诉你，虽然这所庭院看起来很好，但却没有排水的地方。下雨的时候，院子里会有很多积水，只能一点点清扫出去。"买房人一听，马上找借口不买了。

两个侄儿见叔叔这么耿直，不禁埋怨了几句，陆元方却说："我要是不实话实说，就等于在骗人。人生在世，怎么可以为了钱财去骗人呢？"

陆元方诚信卖房的事情在当时传为佳话，最后传到了朝廷。皇帝十分感动，重新起用了陆元方。后来，陆元方成为朝廷重臣，不但深得皇帝器重，也深受百姓的爱戴。

****

陆元方宁愿房子卖不掉也不愿意骗人，这种诚信的态度令人动容，而他的诚信之举也影响了身边人，他本人也因此再次得到了重用。《汉武帝内传》中云："至念道臻，寂感真诚。"意思是说，真心实意，坦诚相待，从心底感动他人，终而会得到他人的信任。

重家教 立家规 传家训 正家风

不撒谎，即是讲诚信、守承诺，以一颗诚心对待他人。正所谓"一言既出，驷马难追"，用老百姓的话说便是说话算话，说到做到，这是为人处世最基本准则。如果一个人只看中眼前的蝇头小利，为此宁愿做背信弃义的人也要满足一己私利，时间一长，围绕在他身边的将尽是见利忘义之徒，他耳边充盈着的也多半是连篇的谎话和欺诈之语，试问这样的人又如何让家庭产生诚信的氛围，从而树立诚信家风呢？

鲁迅说："伟大人格的素质，重要的是一个诚字。"一言之美，贵于千金，为人处世只有讲诚信，才能收获更多的好人缘和机会，并因此找到打开人生这座金库的钥匙。

****

宋朝时，有一个叫陶四翁的人，开设了一间染坊，他在做生意上十分讲究诚信，在当地很有口碑。

一次，有人到他店里推销染布用的原材料——紫草。这些紫草看起来品质上乘，他便花高价全部买下。之后有一个买布的人到他店里进货，看到那些紫草后，便跟他说这些紫草品质很糟糕，都是假货。陶四翁一听，不禁十分震惊。买布的人怕他不信，就把检验紫草真假的办法教给他。他按照那个办法一试，果然发现紫草是假货。

买布的人说："不用担心，虽然这紫草是假货，可一样能用来染布，之后你把价钱调低，到市场上卖掉就可以了。"

陶四翁拒绝了买布人的提议，他说："我已经被骗了，怎么可以再去骗别人呢？"说罢当即把这批假货都烧掉了。买布的人见状，不禁惊呼："你这样太吃亏了！"

不过，陶四翁烧假货的事情传出去之后，他的诚信无欺却使得他和他的店面名声大噪，他的生意也比以前更好了。

****

俗话说，"吃亏是福"，有时候讲诚信看起来如同"吃了亏"一样，眼下来看自己有所损失，但只要把眼光放得长远一些，就能看到更大的利益。陶四翁烧掉紫草，着实损失了买货的钱财，可他的生意和口碑却会变得更好，人们也愿意购买他店里那些因诚信而制出的"货真价实"的布匹，这难道不是一种更大的收获吗？

诚信是为人处世的基石，父母要时时督促子女秉持一颗诚信之心，在做事时让人感受到那份真挚与诚意，久而久之，就会在内心深处形成自然而然的诚信意识。同时，也要让子女明白，不讲诚信的人，别人会忽视他的存在，甚至会被世人所唾弃，脱离社会。

3. 诚实守信：外不欺人，内不欺心

对人以诚信，人不欺我；对事以诚信，事无不成。人与人之间有着比金钱名利更重要的东西，那就是诚信。诚信不单单是一种美德，更是古人传承下来的可贵家风。一个拥有诚信家风的家庭，会慢慢地集聚源源不断的财富，逐渐兴旺发达，子孙也会因为诚实守信而受到他人的尊敬。

荀子说："言无常信，行无常贞，惟利所在，无所不倾，若是则可谓小人矣。"不讲诚信的人形同小人，说话做事不可靠，行为不忠贞，唯利是图，欲求不满，只要能达成目的，无所不用其极，这样的人自然

重家教 立家规 传家训 正家风

不会是个讲诚信的人。

诚信是一扇通往成功的大门，父母要教导子女努力去做一个诚实守信的人，这等于在人生路上多了一个得力的"助手"——它总能在关键时刻助你一臂之力。

诚信是中华民族的传统美德之一，也是很多家庭敦促子女应该恪守的一则家训、家规。古往今来，很多名人志士无一不有着诚信的家风规范，他们以诚待人，从而"通达天下""赢遍天下"。

****

民国时期，古州很多世代经商的家族都将诚实的家风与守信的店训相结合，从而形成了古州晋商以诚待客、诚实守信的商德风范。平定城的"槟榔刘"家族世代经商，他们始终秉承着祖上流传下来的"诚信"店训，数百年间创立了很多商号，其中"三元景"绸缎庄便是其中极具代表性的例子。

三元景一直坚持以德营商、以诚待客，还在店铺最醒目的地方高悬一块木质黑底金字招牌，上面是四句话：童叟无欺，和气生财，买卖公平，包退包换。这种诚信的理念不只悬挂在墙上，在实实在在的经营中他们也让客人体会到了这份诚意。

一次，店里的一名店员多收了客人两个制钱，掌柜发现后马上把他辞退了，并宣布永不录用。除了严格要求店员，更不允许族人有任何毁坏商号的行为。股东刘秉臣的二儿子不务正业，游手好闲，大股东刘石臣是刘秉臣的哥哥，他马上让弟弟严加管教儿子，让他闭门思过，交代问题，还一次次降低他的薪资。正是通过这样的严厉手段，才保住了三元景诚信经营的良好声誉。

正是因为诚信，三元景商号的规模不断扩大，当时人们都说："北京有个王府井，平定有个三元景"。

****

第十章 以诚待人，以信立身

三元景的成功和世代传承离不开诚信经营的店训，更离不开刘家人继承并持续弘扬的诚信家风家训。平定城刘家楼院子的正房还悬挂着一块写着"守素堂"三个字的牌匾，其中的"素"出自《中庸》的"君子素其位而行，不愿乎其外"，意为做自己应该做的事情，切勿超越本分，这里的"素"便有"本"的意思。在刘家的训诫中，子孙在做人和经商上都必须守住本分，守住至诚至信的初心。

诚信是千百年来流传下来的文明习惯，父母要把诚信作为家风，甚至家规，在家庭中体现出来，要时刻教导子女在漫长的人生旅途中，遇到波折与坎坷在所难免，但只要做到诚实守信，就更容易在有需要的时候得到他人的帮衬。我们对别人报以诚信，也会收到他人回以的实意。

诚信也是相互的，在诚信面前没有高低贵贱之分，一个人无论身处何种职位，讲诚信总会得到更多的尊重。

****

战国时期，魏国的开国君主魏文侯，以诚信待人著称，也由此赢得了将士和百姓的拥戴，魏国由此日益强盛起来。

一次，魏文侯与山林管理者约定，第二天下午他会去郊外练兵打猎。第二天，魏文侯下朝之后举行了宴会，他准备在宴会结束后外出打猎。但是，宴会结束后，忽然下起了瓢泼大雨，时近中午，大雨没有停下的迹象，反倒越下越大。此时魏文侯对宴会上的大臣们说："对不起，我要走了。赶快为我备好车马，我要去郊外练兵打猎，那里已经有人在等我了。"

大臣们见国君要冒着大雨外出，不禁纷纷劝阻，有的说："雨下得太大了，出不了门呀！"还有的说："就算去了也没办法练兵啊！"魏文侯看着外面的雨天，说："练兵打猎是不可能了，但也要通知一下山林管理者啊！"众人中有一个人站起来，说："陛下，我可以去告诉他。"

魏文侯摆摆手，说："且慢，要去也得我去，昨天是我亲自与他约定的,现在我失约在先,要亲自向他道歉才行。"说完,便冒着大雨朝着山林管理者的住处走去。

✱✱✱✱✱✱✱✱✱✱✱✱✱✱✱✱✱✱✱✱✱✱✱✱✱✱✱✱✱

身为一国之君,却因为与一个普通兵卒的约定而亲自冒雨道歉,魏文侯的诚信可见一斑,而他的举动也自然会对周围的将士产生影响,让他们意识到诚信没有身份之分、职位之别,不管是高高在上的帝王,还是普通的百姓,只要能做到诚实守信,就会得到他人的尊敬。

诚,即内诚于己,诚信无欺;信,即外信于人,有信用、讲信用、守信用。讲诚信的人只会公平地看待一切事,并以是否守信作为衡量人格是否高尚的标准。尤其在受限于外界条件和环境时,更是考验一个人是否真正能做到诚信的关键时刻。

✱✱✱✱✱✱✱✱✱✱✱✱✱✱✱✱✱✱✱✱✱✱✱✱✱✱

"信义兄弟"孙水林和孙东林冒风迎雪、接力给农民工送薪的义举在中华大地上传扬,他们因此当选为"2010年度感动中国十大人物"。虽然哥哥孙水林不在了,弟弟孙东林却毫不犹豫地接过"信义"旗帜,用社会各界的捐赠设立了帮扶基金,倾情帮助困难农民工,并成立湖北信义兄弟建筑工程股份有限公司,将讲信用、重诚信的信义精神继续发扬光大。

1989年,武汉市黄陂区的农民孙东林与孙水林弟兄一同组建起建筑队伍,开始在北京、河南等地承接建筑工程和装饰工程。孙东林一直坚持以诚信为本,一诺千金。20多年来,无论遇到什么状况,孙东林从未拖欠过工人的工资。有时,工程款不能及时拿到,他四处借钱,也要坚持将工资按时发放。他说:"诚信,是为人之道,也是立足之本。"建筑工人的流动性很大,但在孙东林带领的工程队中,许多工人从1989年开始便一直跟随他参与建筑施工,具有10多年工龄的农民工占了半数以上。工人们说:"跟着他,我们放心。"2010年2

月 9 日，在天津承包建筑工程施工的孙水林，为抢在春节前赶回武汉黄陂给先期返乡的农民工发放工资，不顾路途遥远、天气恶劣，连夜赶路千里送薪，不料在 2 月 10 日凌晨突遭车祸，一家五口不幸罹难。

得知噩耗，弟弟孙东林悲痛不已。为了替哥哥完成遗愿，他带上哥哥车上的 26 万元钱，返乡代兄为农民工发放工资。由于工资清单已不知去向，孙东林毅然决定：根据农民工报出的钱数，报多少给多少。就这样，在除夕夜的前一天，孙东林将工资全部发放到了农民工手中。兄弟二人生死接力送薪，谱写出了一曲诚信颂歌，人称"信义兄弟"。"结完全部工钱的那一刻，我才完全放松下来，我觉得可以告慰哥哥的在天之灵了。"孙东林说。

****

在家庭教育中，父母首先要以身作则，自己做个诚信的人，而后借助行动影响子女，借助语言教导子女，告诫他们在人际交往中，要想获得他人的信赖和赞誉，非诚信不可也！

4. 以诚铸信，信守诺言

《弟子规》中说："事非宜，勿轻诺。苟轻诺，进退错。"又有"凡出言，信为先，诈与妄，奚可焉？"的训诫，这都是在教导世人无论何时，面对什么人，只要开口说话就要以诚信为先，绝不能有欺骗或花言巧语。至于不合义理的事情，千万不要答应，若随口答应了，做不做都是你的过失。

人人都知道讲诚信的重要性，但在说话办事时，很容易会脱离诚信这一基础，进而口无遮拦，随意许诺，到了兑现时却唯唯诺诺，为自己的失信找各种理由和借口。说到底，他们本身误解了诚信的内涵，甚至根本不知道诚信为何物。

在这方面，父母要扮演好自己的角色，要言行一致，为子女做出表率，向他们传递"诚信是一种责任"的观念，告诫他们做出承诺后必须履行承诺、兑现承诺；否则就不要乱许诺言，以免陷入进退两难的境地。

****

一天早上，曾子的妻子梳洗完毕后，换上干净衣物准备去集市买东西。她刚走出家门不远，儿子便哭嚷着快步跟上来，吵着要一起去集市。孩子年龄小，集市与家相隔甚远，带着他很不方便，曾子的妻子便对儿子说："你在家等着，我买完东西很快就回来。你不是爱吃酱汁烧猪蹄和猪肉炖的汤吗？回来就杀猪给你做！"儿子一听这话，顿时笑逐颜开，乖乖地回家了。

曾子的妻子从集市回来后，刚一进门便听到院子里有猪叫的声音。她走进去一看，只见曾子提着刀正准备杀猪。她不禁大吃一惊，上前阻止丈夫："家里养的猪是要等到过年过节时再杀的，你怎么能把我哄儿子的话当真呢？"

曾子回道："你怎么能对小孩子撒谎呢？他年幼无知，时常从父母那里学知识、听教诲，倘若我们现在说一些欺骗他的话，就等于在教他日后去骗别人。做母亲的一时能哄得了孩子，可等他长大成人后就会意识到自己受骗了，也就不会再相信你的话了。这样的话，又怎么能教育好自己的孩子呢？"

妻子觉得曾子说得很有道理，也帮着曾子去杀猪了。很快，夫妻俩为孩子做了一桌丰盛的饭菜。

****

"曾子杀猪"是一则有名的典故，曾子用自己的言行告诫世人，不管对任何人都要言而有信，不能因为对方是自己的孩子或其他"弱小群体"便认为可以随意敷衍，那样就会埋下"欺骗"的种子，最终结出恶果。

诚信是人生路上的通行证，不讲诚信、不能信守诺言的人，他的人生路自然崎岖不平，也会遭遇狂风暴雨，甚至会因为失信于人而被孤立，成为一座孤岛。人们常说，"精诚所至，金石为开"，一颗至诚之心足以感天动地，而一颗信守诺言的心同样会助力你乘风破浪、排除万难。因而，每个家庭都应把"诚以待人、信守诺言"作为家风、家规，甚至当成做人的基本道德。

✽✽✽✽✽✽✽✽✽✽✽✽✽✽✽✽✽✽✽✽✽✽✽✽✽

宋朝大学子刘庭式是一个很看重诺言的人，他出生于山东章丘，年轻时勤奋上进，尊老爱幼，且乐于助人。与同龄孩子相比，刘庭式可谓一枝独秀，村里人都很喜欢他，家里有闺女的也希望女儿能嫁给这样的人。

原本，刘庭式的父母没想让儿子太早订婚，因为儿子醉心于学业，同时更担心日后儿子地位发生变化，不满意姑娘的话，会辜负人家。只是，刘家父母的坚持抵不过一拨又一拨前来说媒的人，无奈之下，他们便给儿子定了亲。

定下的人家在十里八村也是数一数二的，那家闺女生得俊俏，且品行端正，刘庭式本人也很满意，虽然还没有下聘礼，可也写下一纸婚约，算是有一个承诺。

定下婚约的刘庭式更加刻苦，他想着要考取功名，报答父母的养育之恩，也要为自己将来的家庭创造更好的生活。转眼间，到了进京赶考的日子，未婚妻前来为他送行。两人心中早已有了对方，依依不舍。未婚妻说，即使未能得中，她也不会埋怨，更不会嫌弃。

153

重家教 立家规 传家训 正家风

功夫不负苦心人，刘庭式多年的苦学得到了回报，他得中进士。在回乡的路上，刘庭式憧憬着美好的未来，也打算回去后尽快完婚。然而，等他回到家里才知道，未婚妻因病致盲。

姑娘的父母得知刘庭式高中进士后，根本高兴不起来，他们觉得自己的女儿成了盲人，对方一定不会履行婚约。可出乎他们意料的是，刘庭式根本不在意姑娘是盲人的事实，坚持信守承诺，履行婚约。

姑娘的父母有感于刘庭式的有情有义，建议他娶他们的小女儿，但刘庭式却说："您老说得不对，我是跟您的大女儿订婚，如何能忘记初心呢？"就这样，刘庭式依然与眼盲的大女儿成婚。

婚后，夫妻二人生活幸福，刘庭式从未后悔过自己的决定。不幸的是，多年之后妻子先于他去世，让他十分痛心，而他也始终孤身一人，未再另娶。

****

信守诺言的刘庭式值得称赞，他忠于爱情、守信守诺的行为时至今日也应当被提倡和歌颂。

守信是一个人无形的财富和力量，它不是说空话、做样子，而是遵从内心，努力实践，是对人格的升华！

第十一章
为国为民，竭诚尽忠

爱国，是每一个公民朴素的价值追求，也是中华民族的优良传统。父母对子女的爱国主义教育应当体现在生活的方方面面，要让他们从小就具备深沉的爱国情感、浓厚的家国情怀。无论个人还是家庭、集体，都要怀有深深的爱国心、爱国情。

重家教 立家规 传家训 正家风

1. 立大志，心中有天下

坚定的志向是促使人坚定信心、勇往直前的前提和保障，它会鞭策一个人披荆斩棘、排除万难，朝着心中的目标持续奋进。

诸葛亮在《诫外甥书》中表达过这样的意思。一个人应该立下高远的志向，要对古代圣贤心驰神往，戒掉自身的私欲，剔除固执和多疑的缺陷，以慢慢靠近先贤的高尚志向，并在自己身上明显地显现出来，诚恳地感悟。失意时要善于忍耐，得志时一展抱负，摆脱俗事的纠葛，广泛地求教他人，去除怀疑和吝啬，这样一来，就算在事业上遭遇困境而停滞不前，也不会损害自身高尚的情趣，何须担心日后事业会不成功呢？倘若志向不坚定，意气不奋发向上，则只会庸碌无为，沉湎于世俗之中，随俗浮沉，暗自被情欲所束缚，便会永远混杂在庸碌无为的人群之中。

《诫外甥书》是诸葛亮对外甥庞涣的训诫，旨在教导他怎样立志、修身。这一训诫同样对世人有着警醒和教育作用，对于一个人在立志上能起到引导作用。

俗话说，"山立在地上，人立在志上"。一个人必须要立志，且要立大志，要拥有远大的理想和抱负。也许有人会说，每个人的境遇和出身不同，所立下的志向也自然有大小之分。的确如此，不过父母要让子女明白，一个人不管出身如何，都要始终有一颗力争上游的心。

第十一章 为国为民，竭诚尽忠

✽✽✽✽✽✽✽✽✽✽✽✽✽✽✽✽✽✽✽✽✽✽✽✽✽✽✽

戚继光是抗倭名将、民族英雄，为保家卫国、抵御外敌，他立下了汗马功劳。戚继光的家教很严，幼时父亲对他的教育是促使他成为一代名将的根本原因。

戚继光的父亲名叫戚景通，是一位治军有道、文武双全的将领。他56岁才有戚继光这个儿子，所以自然十分疼爱，不过他的爱深沉而内敛，绝没有一丝放纵。反而"爱之深，责之切"，对戚继光的教育非常严厉。

戚景通很重视引导儿子立志。一次，他问戚继光："你有什么志向？"戚继光认真地回答："读书！"他循着儿子的志向引导着说："提升道德观念是读书的目的，长大以后要忠于国家，孝敬父母，克己奉公，有骨气、讲气节，倘若不明白这些道理，读再多书也是没有意义的。"他还让人把对儿子的要求写在墙上，这样戚继光随时都能看到，从而坚定志向。

戚景通71岁时身染疾病，可依然不忘教导儿子，他指着晚年所写的关于加强国家边防方策的著作说："继光啊，别人都说我什么财富都没给你留下，确实如此，不过我留给你的是这些军事方策，对于保卫国家而言，他们比金银财宝珍贵得多。"

按照当时朝廷的规定，戚继光可以直接继承父亲的职务，戚景通临终之际一再告诫他切勿忘记忠于国家、献身边防的大志，做官后也要不畏劳苦，身先士卒。戚继光19岁袭职为官，始终不忘父亲的教诲。在抵御外敌上有勇有谋，屡建奇功，后被提拔为参将、总兵，而他的"戚家军"也让敌人为之色变。

✽✽✽✽✽✽✽✽✽✽✽✽✽✽✽✽✽✽✽✽✽✽✽✽✽✽✽

很多父母在家教上或多或少会有些缺失，片面地把穿衣戴帽、行走坐卧立当成家教的全部，实际上，培养子女立下远大志向，也是家教的一部分，且是极为重要的一部分。父母要教育子女力争上游，立下远大志向，唯有此子女才会在为人处世上有更高层次和程度的自我表现，对自己也会提出更高的要求，因为远大的志向要求有与之相匹配的勤勉和学识，如此在学习上才会格外勤奋刻苦，做事也会力求尽善尽美，最终朝着更高的目标奋进。

诚然，这并非要求天下的父母必须让子女立下大志向，但却仍要教导他们有"心怀天下"的气魄，不能"偏安一隅"，得过且过。拥有这种气魄，在做人做事上便会自然而然地拓宽视野，看待问题的方式和角度也会不同于以往，由此在面对同一件事情时也就有了新的解读和处理方法。

《通鉴室记》中云："士之所以能立天下之事者，以其有志而已。"一个人能够肩负起天下大事，主要是因为他们有远大的志向。王阳明在《示弟立志说》中也阐明了立志的意义。志向是气的统帅、人的生命、树的根本、水的源头。水源得不到疏通，水流便会停息；树根得不到培植，树木必然枯萎；生命得不到延续，人自然会消亡。不树立志向，人就会无精打采。因而，君子做学问，时时刻刻都必须以立志为第一要务。

2. 忧国忧民，匹夫有责

林则徐的《赴戍登程口占示家人》中云："苟利国家生死以，岂因祸福避趋之。"这句诗表现出他把国家利益摆在首位，不计较个人得失的高尚品质。杨虎城的孙子杨瀚在谈起他倡导的家风时也说："爱国爱民，做一个真诚的人。"爱国爱民，便是忧国忧民，这应当是每一个国人共有的思想观念。

提到国家与人民，很多人都觉得对象"太大"，不是寻常百姓考虑的事情。心存这种想法的人可能忽视了一点：他们本人也是民，且正是数以万计的民才组成了国，如果每个普通百姓都没有忧国忧民、爱国爱民的思想意识，那么国家不会强大，个人及千千万万个家庭也会因国力羸弱而受苦受难。

在家庭教育中，父母应有意培养子女的爱国意识，强化爱国主义教育，同时也要改变错误思想，告诉子女具备忧国忧民意识，并非要求一个人时刻把国与民挂在嘴边，只要他的脑子里有这种观念，而后逐步完善自我，提升自我修养和道德意识，就会在不知不觉间把自己历练成一个于国于民、于家于人有贡献的人，这便等于履行了"匹夫之责"。

✶✶✶✶✶✶✶✶✶✶✶✶✶✶✶✶✶✶✶✶✶✶✶✶✶✶

邓以蛰是邓稼先的父亲，是著名书法家邓石如的五世孙，美学家、美术史家、艺术理论家、教育家，中国现代美学奠基人之一。他一生从事文化教育事业，对儿子邓稼先的教育也决定了后者的人生轨迹。

邓稼先刚满5岁时，便背着书包与姐姐们一起上学。在上学之前，邓以蛰便把他叫到跟前，叮嘱道："稼先，你明天就要去上学读书了，以后要做一个读书人。古人说，读书人应该有'三不朽'，你知道什么是'三不朽'吗？"

邓稼先摇摇头，邓以蛰继续说："'三不朽'，即立不朽之德，立不朽之言，立不朽之功。立不朽之德，是说一个人读书要增长见闻，但更关键的是修养德行。如果可以把自己的美德传承下去，留给后人，就叫立不朽之德；立不朽之言，意思是说读书人一定要虚心求教，努力学习古人留下来的知识，可又不能人云亦云，必须有自己的见解和主张才行，同时也要把正知正见留给后代，让后人学习，这就叫立不朽之言；立不朽之功，是说一个人读了书，有了见识，提升了本领之后，要用所

> 重家教 立家规 传家训 正家风

学技能为社会做好事，为后人造福，这就是立不朽之功。不朽者，永生、永存也。我的儿子应该将做'三不朽'之人当作自己读书做人的目标。"

邓以蛰的这番教诲深深地刻在了邓稼先的脑海中。后来，邓稼先离开北京，去外地求学，也始终不忘父亲的嘱托，更是以"科技救国"为毕生信念，最终走出了一条辉煌之路。

****

国家的盛衰是每个人的责任，它并非遥不可及，而是近在眼前。无论是生活中还是工作中，做好分内事，不逃避责任，勇于担当，就等于是在为国家的兴盛出力。正所谓"一室之不治，何以天下家国为？"如果一个人连自己应该做的事情都不去做，或者做不好，就更别提会为国为民做出什么贡献了。这其中的道理再简单不过，"一屋不扫，何以扫天下"，忧国忧民的前提是不断完善自己，这份匹夫之责是必须承担的。

父母在家庭教育中应重在熏陶和训诫，向子女灌输"每个人从出生之日起便背负着家国二字，一举一动其实都牵动着家与国的神经"的理念，让他们自幼在心里埋下爱国的种子，这会使得他们很自然地把自己与国家捆绑在一起，从而主动去维护和保护国家权利。

忧国忧民，可见寻常人心。我们从一个人在日常生活中和工作中的细微表现，就可以看出他是否尽了"匹夫之责"，也可以看出他的家庭是否有"忧国忧民"层面的家庭教育。缺失这方面家教的家庭，成员的内心往往有"事不关己，高高挂起"的念头，寄希望于其他有识之士为国为民贡献心力。

反过来说，一个家庭中常开展爱国教育，父母本身也具有忧国忧民意识，从这种淳厚家风影响下走出来的子女，在为人处世上总是大方得体，不违法乱纪，且能体会到他人的疾苦，而这一切表现实际上也从另一个角度体现了他们身为国家一分子的责任。

3. 精忠报国，以尽忠孝

从古至今，爱国情怀都是教育的大前提，教子以德、教子以孝，无一不建立在爱国的基础之上。或者可以这样说，一个不爱国、不懂得报效国家的人，也很难真正做个有德、仁义、守孝道的人。

父母有必要在家庭教育中加大爱国教育力度，让子女明白，在国家利益面前，一切私人利益都要排在第二位，要努力做一个对国家有用的人。

****

2021年，"一等功臣之家"的牌匾和立功喜报出现在昭阳区洒渔镇吴勇的家里。吴勇是在家里排行老二，他于2006年参军入伍，不断在各项军事训练中提升自己，此后多次在重大军事任务中有突出表现。

吴家除了他，大哥吴磊和三弟吴爱也都是部队里出类拔萃的军人。提起他们的军旅情怀，离不开父亲吴文常的教导和三位叔叔的军旅故事。他们的叔叔吴文辅、吴文林和吴文逊都是退伍老兵，曾奔赴一线作战，他们在家族中不断地传递着爱国、护国精神。

吴家三兄弟就是在长辈的影响和带动下参军入伍的，他们始终牢记父亲所说的话："长大后一定要做对国家有用的人，就像你们的叔叔们一样。"

一门三兄弟，皆是爱国人。三兄弟借力传承家国情怀，一时间也传为美谈。而那块"一等功臣之家"的牌匾所带来的荣誉，也自然属于整个吴家。

※※※※※※※※※※※※※※※※※※※※※※※※

在当下，家庭教育中所倡导的"精忠报国"或许不再是抛头颅、洒热血，但当我们有能力的时候，也依然要时刻牢记报效祖国。不管是抛弃国外的洋房、汽车而选择为国家民族做贡献的华罗庚，还是设法脱离他国的控制，用自己的专长为新中国服务的钱学森，还是发出"我是一个中国人，我的祖国更需要我。我要回去为祖国服务"这般铿锵之语的茅以升，他们都始终把祖国牢记在心，这些人都是具备爱国情操的典范。

爱国情操是高尚的道德情操，拥有这种品质的人总是不畏艰难，能够超越世俗的观念，继而超越自我。这份操守是一种崇高的情感和宝贵的精神财富，对一个家庭而言，相信没有任何父母不希望自己的子孙具备这种操守。从古至今，高尚的情操都是人们至高无上的精神追求，它同时也赋予了"孝"更深沉的内涵。

※※※※※※※※※※※※※※※※※※※

南宋名臣、学者张浚，幼时深得母亲教诲，一步步成长为一个忠义之士。他做官时，奸臣秦桧当道，欺上瞒下，祸国殃民。张浚非常气愤，便想向皇上进谏，可又考虑到母亲年迈，自己的举动恐怕会招致报复，那时就没人奉养母亲了。

母亲看出了他的矛盾心理，询问原因，张浚便把自己的想法说了出来。母亲听完后沉默片刻，便说起了张浚的父亲在科举考试时回答"策问"时的一段话："我宁愿直言进谏，死在刀斧之下，也不想为了保全性命缄默不语，这样有负圣恩！"

张浚当即明白了母亲的意思，便决定上疏皇上，阻止秦淮与金议和。只可惜，张浚的奏章呈上去不久后便被流放了。临行前，母亲对张浚说："儿子，不用担心，你是因为忠诚正直才招致陷害，没什么可内疚的。到了流放地，也要一心攻读圣贤书，不要记挂家里。"

****

为国为民，侠之大者。父母要让子女意识到，只有拥有高尚的道德情操、爱国情操，并有坚定的爱国行为，深刻地认识到个人命运与国家的前途和命运息息相关，才会真正把国家置于首位，才能在任何情况下都"以国为先"，成为真正的忠孝之人。

4. 亲贤远佞，誓做忠义之人

《弟子规》中云："不亲仁，无限害，小人进，百事坏。"这句话是在告诫世人，如果不亲近仁义君子，就会招致无穷的祸患，因为居心叵测之人会乘虚而入，带给人不好的影响。这句告诫很有现实意义。

无论在生活中还是工作中，父母都要做好子女的向导，以优良的家风家教作为指引子女为人处世的风向标，告诫他们要主动远离别有用心的小人，因为他们会挖空心思搞破坏、绞尽脑汁干坏事，为了达到目的不择手段。

诸葛亮的《出师表》中也有"亲贤臣，远小人，此先汉所以兴隆也；亲小人，远贤臣，此后汉所以倾颓也"的警示，小人往往把自己的利益摆在首位，为此不会站在对方的立场思考问题。这就像一个人交了恶友、损友，必然会蒙受经济损失一样，一个国家出了逆臣、奸臣，也必然会动摇国之根本。因此，在家庭教育中，父母着力引导子女远离

· 163 ·

重家教 立家规 传家训 正家风

"逆臣、逆贼",誓做忠义仁德之人,这样既会让自己欣慰,也会让子女受到他人的尊重。

✱✱✱✱✱✱✱✱✱✱✱✱✱✱✱✱✱✱✱✱✱✱✱✱✱✱✱✱

唐朝时期的官员董昌龄,少年丧父,他的母亲杨氏独自将他养育成人。后来,董昌龄进入淮西节度使吴少阳、吴元济麾下任职,做吴房县令。

那时,吴元济算是一方势力,对朝廷的命令阳奉阴违,杨氏便私下里告诫儿子:"顺逆成败一眼便知,你要做好打算啊!"董昌龄想归顺朝廷,可并未成功。而后,吴元济又让董昌龄代理郾城县令。杨氏再次劝告儿子:"逆贼作乱,老天也会惩罚他。你不要因为上一次失败就轻易放弃,更不要顾念你的老母亲。只要你做了忠臣,我死而无憾!"

没过多久,朝廷派大军逼近郾城,董昌龄当即开城归顺。唐宪宗非常高兴,把董昌龄召到长安,并任命他为郾城县令兼监察御史,还赐予绯鱼袋。董昌龄泪流满面地对唐宪宗说:"这都是我母亲教导有方,臣何德何能呢?"唐宪宗听完十分感慨。

吴元济见董昌龄归顺了朝廷,便马上把杨氏囚禁起来,好几次想直接把她杀掉,可又有所顾忌。后来,蔡州叛乱平定后,杨氏毫发无损。

✱✱✱✱✱✱✱✱✱✱✱✱✱✱✱✱✱✱✱✱✱✱✱✱✱✱✱✱

毫无疑问,如果董昌龄不听取母亲的劝告,一意孤行,继续与吴元济之流为伍,很可能落得可悲的下场,由此可见家风家教的重要性。父母要告诉子女,人生中有很多事情都是可以预见的。当与贤能有德之人亲近,无论是思想还是意识都会朝向好的一面,所做的事情也都代表着正义与光明;反之,与奸诈之人为伍,也必然会心存歹念,且不说必然会坑害他人,这样的集团内部很可能会因为某些利益之事而"内讧",继而土崩瓦解——以私欲、私利形成的组织就是这样脆弱。

良好的家教无疑是最根本、最有效的方法，通过父母的循循善诱，子女会认识到"亲贤远佞"的重要性，也就不会与依靠花言巧语谄媚他人的奸佞之徒为伍，会看透这种人的本质便是挑拨离间，通过制造矛盾冲突而坐收渔人之利。由此，他们会时刻保持清醒的头脑，不会因一时冲动而上当。

《菜根谭》中说，趋炎附势，人情通患。自古以来，嫌贫爱富，攀附高枝似乎被人们所"默许"，也成了很多人奉行的交往法则，由此催生了更多奸佞虚妄之辈。这也对父母提出了更高的要求，即父母应在家庭中主动营造讲德行、树规范的氛围，由此形成严格的家规家教，使得子女在积极健康的环境下培育身心，以便自己心中有忠义，从而主动结交真正的朋友。

5. 舍小家，报国家

鲁迅的《自题小像》中的那句"寄意寒星荃不察，我以我血荐轩辕"，表达了他对祖国的浓厚情感。从古至今，前赴后继的众多仁人志士不顾个人和自家的安危，一心为国、全意为民，归根结底就在于他们真切地明白"舍生取义"的人间大道，愿意为国家无私奉献，甚至牺牲自我。

父母要借助各种渠道——包括古代名人贤士的家风、家训、家规、家教让子女明白，舍小家，是为了千千万万的同胞有更和平、安康的大家。这是一种高尚的道德情操、奉献情怀，也是一个人仁厚、纯正家风的完美体现。

> 重家教 立家规 传家训 正家风

****

姚远辉是一名有着16年党龄的老党员，当2020年新冠肺炎疫情来袭之际，在春节前夕已经连续工作十多天的他得到消息后，马上通知家人他要提前返回自己的工作岗位。

1月31日，一名体温异常的患者需要入院观察。姚远辉毫不犹豫地站出来，表示要与医务人员一同前往患者的住处。他们抵达患者家中时，患者情绪激动，表示自己只是普通感冒，不需要隔离观察，不想配合医务人员的工作。

姚远辉不疾不徐，晓之以理，耐心地劝说患者，并言明不隔离会造成的后续危害。经过半个多小时的劝说，患者终于同意前往隔离点。回到所里后，一些年轻民警询问他是否害怕，他说："我是党员，又是教导员，且虚长你们几岁，工作经验也比你们丰富一些，理应冲锋在前。"

秉持着一份责任心，姚远辉在"抗疫"期间每每身先士卒，毫不顾忌个人安危。为了确保所里每位同事的健康，他每天一大早就起床对办公区域进行消杀，并在值班室逐一为大家测量体温，细心地记录体温变化。他的暖心之举，使得所里的年轻人都亲切地叫他一声"辉哥"。

2月12日，是姚远辉与妻子结婚16周年纪念日。这天一早，他还是像往常一样为大家测量体温，而前一夜他刚开夜车处理了一件关于疫情谣言的案子，而后又因接到群众举报，马不停蹄地出警办理聚众打牌等案件。等处理完这一切回到所里时，已经中午12点了。

疲惫的他坐在椅子上稍事休息，接到妻子发来的一条微信，提醒他忘记了今天是属于他们的重要日子。这时他才猛然惊醒，想起了结婚纪念日的事情。此前夫妻俩就已经商量好要庆祝一下，可因为繁忙的工作忘记了。他为妻子编辑了一条带着深深歉意的微信语音:"为了人民,为了党,舍小家,顾大家,太忙了,没记起,我错了。"简简单单的一句话,道出的是一名老党员的责任与担当!

※※※※※※※※※※※※※※※※※※※※※※※※※※※

舍小家、报国家的背后永远是深深的家国情怀。在国家利益、人民利益面前,个人利益被姚辉远抛之脑后,当然,这是建立在他真正地把国家和人民放在心头的基础上的。像他这样的人有着舍己为人、无私奉献的担当精神,愿意为国家和人民的利益做出牺牲,他们的这份精神也会对身边人产生巨大的影响,而他们自身也会在这个过程中进一步体会到奉献的意义。

《于氏家训》中说,人存心不能刻薄,天地生长抚育万物,凭借的便是一个"仁"字,有了"仁"才会囊括世间万物,谁都不能将其排除在外。基于此,父母在家庭教育中必须让子女深刻地意识到存心要"仁"的重要性,这也是那些甘于舍弃小家、报效国家人所谨守并奉行的原则。甚至于他们本身并未意识到这一点,只因为心存仁心,所以所作所为便自然符合"仁义"之道了。

※※※※※※※※※※※※※※※※※※※※※※

晚清名臣林则徐,一生正直,爱国爱民,而他所具有的优良品质与父亲的教导密不可分。1824年,林则徐的母亲去世,他按例辞官回家为母守孝。同年年底,江南高家堰十三堡决口,洪泽湖水向四周漫延开来,周边不少州县都遭遇了水灾,漕运也受到阻碍。

道光帝知道林则徐是水利方面的专家,便下旨让林则徐去往江苏监督修建堤坝。林则徐此次辞官回家,就是想尽尽孝道,可水利事关漕运和千千万万的百姓,一时间他感到左右为难。

父亲看他犹豫不决,便主动劝慰道:"老祖宗留下来父母死后孝子守孝三年的规定,这期间不能去朝廷履职,这是因为身

重家教 立家规 传家训 正家风

穿官服带来的荣耀与丰厚的俸禄会让服丧的孝子内心不安。但眼下国家遇到了危机，需要你尽一份力，而非为你升官、让你获利。若在这件事情上违抗旨意，则是恐惧和逃避的表现，不能算是忠诚于国家，所以又怎么能算是孝顺父母呢？现在你身穿孝服上任，这也合乎古人身穿孝服做事的义理，难道不高尚吗？"

父亲的一番话，让林则徐豁然开朗，于是他身着孝服赴任，每天在工地监督修建情况，并逐段检查，以确保工程质量，时常从早忙到深夜。半年后，工程结束，林则徐再度返回家中继续为母亲守孝。

※※※※※※※※※※※※※※※※※※※※※※※※※※※※

林则徐暂离家中，为国家殚精竭虑的一颗忠义之心，同样完美地诠释了舍小家、报国家的深层奥义。而支撑着一切的背后，无不是良好家风、家教的熏陶和影响。正如高级工程师、钱学森之子钱永刚所说："一个好的家风就像春风、春雨，你不觉得它在一件事上对你有多大影响，但随着时光流去，影响积累，就足以影响一个人的成长。"

第十二章
克勤克俭，戒奢戒逸

古语云："家俭则兴，人勤则健；能勤能俭，永不贫贱。"千百年来，人们一直将勤俭看成一种优良品德，而它本身也是一种生活态度。父母要教导子女努力做一个克勤克俭的人，实现人与自然、人与社会的和谐相处，如此内心才会更加丰盈。

重家教 立家规 传家训 正家风

1. 守清贫，养廉心

《韩非子·显学》中云，侈而惰者贫，而力而俭者富。不为富贵涉贪路，宁守清贫养廉名。廉洁的人都有一颗甘守清贫的心，他们克勤克俭，反对奢侈，对贪污腐败更是深恶痛绝，所以树立廉洁家风、开展廉洁家教就显得极为重要。

父母要在对子女在树廉、助廉上勤督促、多训导，让他们意识到清廉节俭会培养一个人的德行，奢侈、浪费则会消耗一个人的福气，会令其内心躁动不安。一个内心不安宁的人会为了满足自己的欲望铤而走险，做出违背道义的事情，由此走上贪腐之路。

清廉的人也许物质方面不够充裕，但他们的内心是十分充盈的。而他们之所以甘愿清贫，源于心中坚守的原则和底线，他们绝不会为了个人享受打破原则、践踏底线。

****

东晋末年，有一个名叫殷仲堪的大臣，身居高位但廉洁自律，勤俭节约，不浪费一粒粮食，也由此成为廉官的典范。

殷仲堪备受谢玄的器重，孝武帝也认为他有辅佐江山社稷的才能，所以对他宠爱有加。位高权重的殷仲堪只要愿意，可以过得十分惬意，但他却非常节俭，对自己要求严格，时刻为后生晚辈做出表率。

他曾做过荆州刺史，一次逢水灾，庄稼歉收，粮食短缺。为了节约，每次吃饭时他只用南方的小碗，盛少量的饭菜。偶尔吃饭时饭粒掉在盘子里或座席上，他也会马上捡起来吃掉，没有丝毫浪费。与他同桌吃饭的晚辈都看在眼里，潜移默化中受到影响。

殷仲堪很担心晚辈会因为自己的官位而产生骄奢之心，所以总是提醒他们要保持廉洁质朴的操守。有时候，他故意在他们面前捡起掉落的米粒，有意为他们做出榜样，用实际行动提醒他们，一个人立身处世绝不能骄奢淫逸，不能忘了做人的根本，贪图一时富贵只会丢掉自己的底线和节操。他常告诫晚辈："千万不要因为我做了一州的刺史就将昔日恪守的节俭志向抛诸脑后，虽然我现在的地位不同了，可志向始终如一。读书人的常态就是清贫，所以不能因为做了官就丢掉这种常态，你们一定要记住我的话啊！"

※※※※※※※※※※※※※※※※※※※※※※※※※※

《训俭示康》中云："众人皆以奢侈为荣，吾心独以俭素为美。"节俭的家风如同灿烂的阳光、新鲜的空气，有利于每一个家庭成员健康成长。

每个家庭在教育后代"守贫养廉"方面都有自己的方式，而这样的家风也是整个家族的精神食粮。再富裕的家庭都不应当对家族子弟过于放纵，若不借助良好的家风加以遏制，这份富裕很快会烟消云散。

王安石在《金陵怀古》中已经用"逸乐安知与祸双"向世人宣告，祸端往往隐藏在安逸享乐的背后。而我们从无数事实中也已看到，铺张浪费、大手大脚的家庭容易走向衰败；只有甘守清贫、厉行节约，始终保持一颗清廉之心的人，才会收获真正丰盈的人生，也只有这样的家庭才能永保平安喜乐。

※※※※※※※※※※※※※※※※※※※※

内蒙古通辽市扎鲁特旗委第一巡察组组长江来柱，是一个勤俭节约、一身正气、廉洁自律的好干部。他是从山沟沟里走出来的，所以对勤俭、清贫和清廉有着更为深刻的认知。少年时期，他每年暑假都要自己上山采杏，换钱作学杂费，帮家里减轻负担。而他身上那种勤劳与节俭的美德和品质，也对妻子和孩子产生了深深的影响。

江来柱一家人一直租房住，即便那时他已经调到旗里。直到2013年，全家人才搬进楼房。当时22岁的儿子清晰地记得父亲的教导，"爸爸说，家里干净就好，没必要攀比。"

江来柱每天上下班和外出办案，一般都会乘坐公交车。在城北新区办案时，时常会加班到深夜，那时已经没有车次了，他只能徒步走4公里回家。为了节省时间，他打算买一辆自行车，可一问价格要1000元，左思右想，他也没舍得花费这笔钱。

遗憾的是，这样一位好干部却因心梗不幸离世，年仅46岁。他去世后，与他共事多年的同事第一次走进他家，看着屋内简陋的陈设，以及南北卧室里，两扇窗户上挂着的是用不同图案的布拼凑而成的窗帘，以及蒙着一块破了洞的花布的"古董"储物柜，同事不禁感慨万千，说道："清贫，不是共产党所追求的目标，但是，对于共产党人来说，清贫却是一块照得见心底的试金石。"

江来柱不在了，但他妻子每天还是一如既往地把旧家具擦得干净明亮，"古董"储物柜上也整齐地摆放着江来柱生前喜欢看的法律法规书籍。妻子说："来柱爱干净。一尘不染、一丝不苟，是他的作风，也是这个家不变的家风。"

做人做事的责任心和身为共产党员的使命感，在江来柱身上得到了完美的展现。甘守清贫的他留给了家人干净、清白的家风，也为世人树起了一面廉洁大旗。

人的贪欲是无限的，能够凭借自律、俭约、清廉的品质遏制贪欲是十分难得的。贪欲只会泯灭人的良知，清廉、勤俭则会酝酿一个人内心的富足。守一份清贫，养一颗廉心，树清白家风，方能享万世太平。

2. 不起贪念，不恋钱财

《庄子·杂篇·盗跖》中云，贪财而取危，贪权而取竭。意思是贪恋财物会招致怨恨，贪求权势则会耗尽心力。我们从古代流传下来的很多家风中都可以了解到，一个人心有贪念，就会过分地追逐钱财名利，也会因此耗尽心神，所以优良家风都教导后代子孙不应过分追求私欲，因为在满足贪念的过程中，也会为自己招来很多不必要的麻烦，更会因此而丧失理智，总是"吃着盆里的，看着锅里的"，没有一颗知足之心，最终只会遭受更多损失。

《庭训格言》中云："若夫为官者俭，则可以养廉。居官居乡，只缘不俭，宅舍欲美，妻妾欲奉，仆传欲多，交游欲广，不贪何从给之？与其寡廉，孰若寡欲。"这段话的意思是：对为官者而言，节俭是培养廉洁品行的必要手段。倘若他在职和在家时，只是因为不懂节俭而渴求华服美食、妻妾成群，渴望有更多的仆人、更广泛的社交，这一切除了贪污，谁还能给他呢？与其不懂廉洁，还不如减少欲望，遏制贪念。为官是这样，普通人更是这样。

重家教 立家规 传家训 正家风

父母要在教导子女的时候主动遏制他们的欲念，避免子女因过分贪图金钱名利而消磨意志，所以要引导他们学会有意识地遏制贪念，以便活得干净、通透。

※※※※※※※※※※※※※※※※※※※※※※※

西汉名臣疏广，是一个只为儿孙留德不留财的人。他曾任太子太傅，很受汉宣帝的宠爱。告老还乡时，他得到了汉宣帝和太子赏赐的 70 斤黄金。

在家乡，疏广每天都会宴请族人和好友吃饭，大摆酒宴，时不时地还会问家人剩下多少黄金，并一再催促家人快些卖掉黄金换取酒食。眨眼间，一年多时间过去了，疏广的子孙私下里对他很敬重的一位好友说："老人家天天置办酒宴，黄金快要用完了。希望您可以规劝他用剩下的黄金为子孙置办一些产业，买些田地和房子。"

那位朋友趁着空闲的时候，向疏广提及了这件事，疏广却说："难不成我现在已经糊涂到照顾不了子孙的程度了吗？家里原本就有田地和房子，子孙们勤恳劳作，也可以像普通人一样吃饱穿暖。我告老还乡后带回来一些黄金，实在是害怕子孙们产生依赖心理，变成好吃懒做的人啊！即使贤达之士拥有太多的钱财，也容易消磨志气；一旦愚蠢的人拥有很多钱财，就更容易犯错了。更何况，有钱人更容易引来怨恨。虽然我想不到更好的教育子孙的办法，可也不想无端增加他们的过失，为他们招致祸端。再则，这些黄金是皇上赐予我个人用于养老的，我希望与族人、父老乡亲一起享受皇恩，以度晚年，这样不好吗？"

※※※※※※※※※※※※※※※※※※※※※※※※※

疏广的高明之处并未表现在有多么出众的教育方式上，可他的教育理念却是超前的，也是非常巧妙的。试想，疏广若是把黄金用于为子孙

· 174 ·

谋福上，难保子孙不会为了争抢更多利益而产生争执，这是大家都不想看到的。所以，防微杜渐，在贪念产生之前铲除滋生贪念的土壤，是消除贪欲的关键。

※※※※※※※※※※※※※※※※※※※※※※

有一名纪检监察宣传干部，年少时父母工作太忙，爷爷把他拉扯成人，爷爷也成了他人生的第一位老师。

他长到五六岁时，有一次14岁的姑姑带着他去街边的一个商店门口玩，这家商店的老大爷与他爷爷相识。因为年纪小，又调皮，他不小心把老大爷收钱的铁盒子碰到了地上，"砰"的一声，纸币和硬币散落一地。

姑姑见状，马上俯身捡钱，之后让老大爷数数够不够。老大爷摆摆手说："都捡起来就行了，准够！"姑姑抱着他，仔细地又检查了一遍地面，确认没有遗漏后便回家了。

回到家，当姑姑把卷起的裤子放下时，几枚硬币叽里咕噜地滚了下来。原来，装钱的铁盒子掉下来的时候，有几枚硬币直接掉在了她卷起的裤子里。姑姑一阵欣喜，把几枚硬币数了一下，大概有七八元钱。她开心地说："那位老大爷看到我已经把钱都捡起来了，所以这些钱就归我喽！"

没过几天，爷爷知道了这件事，不禁大发雷霆，指着姑姑的鼻子骂她不知羞耻，贪人钱财。爷爷惩罚姑姑不许吃饭，省下钱来还给那位老大爷，又训诫道："你的确没偷没抢，可你的行为是'贪'！更别妄想自己贪了钱没人知道，'人在做，天在看'，人若产生贪念，有了贪心，早晚都会被捉住！贪念一起害死人，绝不能有贪念啊！"

起初，姑姑有些委屈，觉得自己只是得到了"意外之财"，后来明白过来自己的行为是不对的。

"贪念不能起"，这句话成了一家人都牢记在心的训诫。

重家教 立家规 传家训 正家风

"不贪"的家风，也让这位干部后来在工作中如履薄冰，时刻自我监督，绝不做队伍里的蛀虫。

****

一个小小的贪念，在不知不觉间就会把一个人推向腐化堕落的深渊。生活中，大部分人都在追求更丰厚的物质，渴望获得更多的金钱。但父母要让子女明白，过重的物欲让人身心俱疲，也容易让人迷失自我，从一个原本心如止水的人变得贪得无厌。

清代画家、诗人蒋深的一首名为《蝇》的诗中有这样两句："趋热性能惯，贪饕死亦轻。"意思是说，苍蝇有着惯于趋热的本性，贪嘴好吃就算死了也不在乎。贪婪的人往往直到因贪丧命之际，才可能恍然大悟、悔不当初，更有甚者，如苍蝇一般丢掉性命也在所不惜，由此可见贪婪的危害。

父母要在家庭中树立守清贫、养廉心、积厚德的家风，告诫子女贪如同致命的毒药，不能什么好便想拥有什么，欲望是无止境的，不要被贪念掌控，而是要学会珍惜眼前拥有的一切。

3. 居安思危，戒奢以俭

《易传·象传上·否》中云："君子以俭德避难，不可荣以禄。"意为君子以节俭为德而避开危难，不可追求荣华而谋取禄位。节俭的美德不能丢，艰苦奋斗的传统也不能忘。历史告诉我们，一个国家的强盛发达，大多是靠勤俭节约、艰苦奋斗得以实现的。个人也是如此，失去了这种品质，也就很难做到自立自强。

第十二章　克勤克俭，戒奢戒逸

《家规辑要》中云："凡我子孙，务须屏除恶习，力于勤俭，然后家道可兴。"古人的家风中无一不大力倡导戒奢以俭、艰苦奋斗之风，直到今天，这种风气仍然为世人所提倡和赞誉，由此可见这种风气是助力一个家庭，以及一个人真真正正长存于世的根本。

家风不正，祸患必生。骄奢的家风熏陶出来的子孙自然做不到脚踏实地、勤勤恳恳。因而，树立清正的家风、俭约的家风、戒奢的家风，会让子孙后代受益无穷。

****

晚清名臣曾国藩，身居高位，但始终克勤克俭，他不遗余力地向家族成员传输着勤俭、戒奢的重要性，提醒几个弟弟必须时时牢记节俭。他还曾留下十六字箴言家风："家俭则兴，人勤则健；能勤能俭，永不贫贱。"

曾国藩始终要求家人要保持节俭的生活方式，远离奢侈。当时他在京城看到世家子弟生活奢靡浮华，挥霍无度，便拒绝子女到京城居住。所以，他的原配夫人一直带着子女住在乡下老家，他还要求门上不许悬挂"相府""侯府"一类的牌匾。他要求"以廉率属，以俭持家，誓不以军中一钱寄家用"。这导致他夫人在老家手中没有余钱，只能亲自下厨、纺织。

曾国藩看到过太多贵族、豪门因为奢侈而衰败的例子，他明白居安思危、恪守勤俭才能让家族永远兴盛下去。为此，他写下居家四败："妇女奢淫者败；子弟骄怠者败；兄弟不和者败；侮师慢客者败。"在四败之中，奢侈被他排在了第一位。

很多家族都败在了奢侈上，曾国藩早就看透了这一点。为了不让辛苦建立的家业衰败，他不仅以身作则，躬行节俭，连下人为他用八两银子打造的一把银壶都觉得很奢侈，还对身边人及子女一样严格要求。他在写给曾纪泽的信中指出："仕宦之家，由俭入奢易，由奢返俭难。因为仕宦之家，最易奢侈。

近世人家入宦途即习于骄奢，吾深以为戒。"

几个月后又写信说："世家子弟最易犯一'奢'字、'傲'字，不必锦衣玉食而后谓之奢也，但使皮袍呢褂俯拾即是，舆马仆从习惯为常，此即日趋于奢矣。京师子弟之坏，未有不由'骄''奢'字者。尔与诸弟其戒之。"

对待戒奢一事，曾国藩小心翼翼，居安思危，唯恐奢侈败家。他曾对弟弟曾国潢在生活上的表现进行过规劝，因为他觉得弟弟有些奢侈了。可以说，正是得益于曾国藩的严格要求，曾家才能世代兴旺，久盛不衰。

****

白居易的《草茫茫——惩厚葬也》中云："奢者狼藉俭者安，一凶一吉在眼前。"节俭的人和奢侈的人各有所报，这是可以预见的。奢侈的生活会让人意志消沉，变得懒惰，失去斗志。奢侈代表着无节制地享受，从大的方面讲会毁掉一个国家，从小的方面讲则会摧毁一个家庭。因而，在家庭中一定要大力提倡节俭，让家人树立居安思危、知危图安的观念，远离奢侈。

4. 不兴土木之工，崇俭抑奢

《聪训斋语》中云："老氏以俭为宝，不止财用当俭而已，一切事常思俭啬之义，方有余地。"

古人倡导的节俭不单单指财产用度方面，而是做任何事情都要有节俭的思想，这样凡事才能留有余地。从财产用度来看，就包括不兴土木

第十二章 克勤克俭，戒奢戒逸

之工。这一点从古代来说，便是帝王将相不应该大肆修建宫廷院落或豪华的陵墓；从今天来说，即便家世显赫，也要为家族积德累功，避免过度奢华。

****

长孙道生，原名拔拔，北魏将领，是北平王长孙嵩的侄子。他曾屡屡率军出征，屡建奇功。

他是北魏三朝元老，一生清廉谨慎，不慕奢华，甘于奉献。他从不穿着华丽的衣衫，每顿饭只有一两种菜，一副马鞍也用了几十年。他所住的房子非常简陋，时人将他比作春秋时期以节俭闻名天下的齐国"廉相"晏婴。

一次，他出征在外，家里的晚辈便趁此机会把老宅翻修了一遍，还附带修建了新的厅堂以及周围带有屋廊的堂庑。等他回到家看到新修的宅院之后，不禁没有半点开心，反而叹息地说："昔日霍去病说'匈奴未灭，何以为家'，在没有消灭匈奴之前，他绝不肯住在汉武帝赐给他的府邸中享受。现如今，北方强敌虎视眈眈，国家正处于危急之中，我又怎么能坦然地住在这样奢华的院落之中呢？"接着他严厉地斥责了家里的晚辈，并让他们拆掉了修好的府邸。

****

长孙道生家里的晚辈本是好意，但他们似乎忘记了长孙道生是个崇俭拒奢的人，幸好经过长孙道生的斧正，他们及时改过，拆掉新府邸，相信此后必将明白节约的意义。

《双节堂庸训》中说："不少富贵子弟肆意挥霍，只因为他们不知道物品生产不易的缘故。一旦孩子有了辨识事物的能力时，就要教导他们珍惜福分，为他们讲解所穿的衣服、所吃的饭菜的来历，让他们意识到这些都来之不易。如此一来，他们会逐渐地明白事理和人情。借助节俭管理家庭，家庭的日常开销就会有依循；借助节俭来治理百姓，物资调度也会合情合理；借助节俭来治理国家，君臣处事也会更明智、得体。"

《明实录》中云："抑奢侈，弘俭约，戒嗜欲。"抑制奢侈的前提是戒除贪念欲望，大力弘扬俭约精神，至于大兴土木之工，也只是奢侈的一种外在表现罢了。挥霍无度，没有节制的个人和家庭，也是不可能长久富贵的。

奢侈的苗头总是在不知不觉产生，生活中的点点滴滴都可能成为奢侈的催化剂，所以，一旦意识到思想和行为"不同寻常"，就要及时自省自查，主动遏制奢侈病毒的蔓延。

父母在这方面也要严格把关，在家庭中营造勤俭节约的氛围，敦促子女把崇俭戒奢、勤俭节约的观念根植于心，并首先从身边的小事做起，从我做起，让戒奢和俭约成为一种习惯。

5. 舍华服美裳，弃金银玉饰

《治家格言》中云，器具质而洁，瓦缶胜金玉；饮食约而精，园蔬愈珍馐。这句话的意思是，生活用具贵在质朴洁净，金或玉制的器具未必会比瓦制的器具更好；饮食上要力求节俭，园中所种的蔬菜其实也胜过山珍海味。

勤俭在生活中体现在一粥一饭、一丝一缕上，父母在平日里要督促子女在吃穿用度方面尽量减小开支，不与他人比吃比穿，保持一颗淡然的处事之心，进一步培养自己俭约的德行。

第十二章　克勤克俭，戒奢戒逸

****

　　北宋名相王旦，为官廉洁，俭约自守，不喜华丽奢侈。家人曾想用丝棉装饰毛毯，但被王旦阻止了。王旦的弟弟看到有人卖玉腰带，觉得非常漂亮，就买回来送给哥哥王旦。王旦让弟弟把玉腰带系在自己身上，之后问道："现在还能看见玉腰带的漂亮吗？"弟弟回答："系在自己身上怎么能看到呢？"

　　王旦说："自己负重穿戴而让别人去夸赞漂亮，难道这不是一种负累吗？"弟弟听哥哥这么说，急忙把玉腰带退掉了。王旦在临终之时告诫子孙："我们家族始终有着清廉的美誉，我死之后，你们也要勤俭节约，保持家风，切勿奢侈，更不要把金银财宝放进我的棺材里。"

****

　　身着华服美裳、佩戴金银玉饰，的确会让一个人看起来珠光宝气，或许身份和气质都会有巨大的提升。但所谓的彰显身份、突出气质都是从他人口中而来，换句话说，我们总是因他人的夸奖而沾沾自喜，因他人的批评而怏怏不乐，归根结底，是我们本身容易寄托于外物来获得他人的肯定。

　　一个"出有车、食有肉"的人，会获得更大的自信，甚至觉得"高人一等"，这是外物给了他信心和底气。久而久之，这类人会把外物看得十分重要，由此产生极重的虚荣心和攀比心，而满足这种欲望的方式则是奢侈和炫耀——这会凸显出他们的"尊贵"。为官者产生这种心迹，便是贪腐的开始；普通人走上这条昏暗之路，则会败坏家风。

　　《丁文诚公家信》中说，家庭日常用品一定要厉行节俭，总吃大鱼大肉容易生病，而清淡的饮食则会滋养人身；华丽的衣服会滋生浪费的风气，还是粗布麻衣更适合身体的需求；看看做官的人家，但凡挥霍浪费，有几家可以永远富贵呢？

　　在家庭教育中，父母要时时叮嘱子女必须从奢靡的习气中超脱出来，置办过多所需与不需的物品，耗费巨资，对于人的天性是没有益处的。用精美的器具装酒，或是用破旧瓦罐装酒，酒还是酒，一样可以醉人；身在绣帐中或躺在干草上，人也一样都能睡觉。当然，追求更好的物质生活本身无可厚非，可一味地崇尚奢侈，则是有损德行的。

****

任昉是南梁著名文学家，同时曾任尚书殿中郎、太子步兵校尉、中书监、秘书监、新安郡太守等职。他一生清正廉洁，不慕奢华，崇尚简约。他的俸禄多用来接济穷苦之人，也由此导致自己和家人平日里粗茶淡饭，生活十分俭朴。

一次，他与到溉、到洽两兄弟外出旅游，他的行囊只有七匹绢、五石米，返回京都时都没有穿的衣服了。他的另一位好友镇军将军沈约得知这一消息后，马上派人给他送去一身衣服。他为官多年，从不置办家产，一家人在京城居然都没有固定的住处。

明帝时，任昉曾出任新安郡太守。他对身上的破旧衣衫毫不在意，时常拄着拐杖徒步在城里城外穿行，遇到有申冤诉苦的，他就在路旁现场"断案"。

公元508年，任昉去世，他生前甘守清贫，从没有良田美宅、金银玉饰，唯有20石桃花米，这是他留下的全部身家。由于他没有其他资财，所以也没有可以陪葬入殓的物品。而他在临终之前，还嘱托家人在他死后千万不能向新安郡索要任何东西，棺木要用普通杂木制作，寿衣就穿自己洗干净的旧衣服即可。

后来，新安郡的百姓自发出资修建了一座祠堂，以纪念这位清廉、俭约的太守。

****

与奢侈的物质享受相比，俭约自守的人更愿意把多余的钱财用于接济他人或做其他更有意义的事情。

树立廉洁家风,并由此形成清廉的家教,会最大限度地促使子女远离奢华,从而把更多精力用在做其他更有价值的事情上。父母要告诫子女,人生在世,与其贪慕名利、富贵,为追逐奢华而劳心劳力,不如用淡泊的心境面对一切,做简单的人、平凡的人、俭约的人,培养一颗从容清透、宁静恬淡之心。

第十三章

谨言慎行，谦逊温恭

☆☆☆☆☆

一个人的言行举止会展示出他的品德和素养，更会体现出他是否拥有良好的家教。谨言慎行、谦虚恭顺的家教会让一个人凡事不莽撞、不冒失，言语得当、行为得体，终而避开灾祸。

☆☆☆☆☆

重家教 立家规 传家训 正家风

1. 话不多说，避免招惹祸端

曾国藩在家书中写道："多言好辩惹祸端。"一个人的一张嘴往往很容易为自己招灾惹祸，所以曾国藩时常教导兄弟子侄，在为人处世时必须谨言慎行，在与人交往时要少说话，多听别人的话。

"祸从口出，病从口入"，很多人遇到的祸患和麻烦都因为一张"快嘴"而来，有时候说到兴奋处，便口无遮拦，信口开河，不再顾及身旁人的感受。就这样，在不知不觉中得罪了人，甚至由此埋下祸根却还不自知。所以，父母要告诫子女，一个人的口才再好，也要懂得收敛。

《围炉夜话》中云："人皆欲会说话，苏秦乃因会说而杀身。"意思是很多人希望自己口才出众，可苏秦就是因为口才太好才招致杀身之祸。一个人的口才再好，也要分清辨明适用场景，同时也要意识到非必要时不要轻易张口，正所谓"沉默是金"，听得多、说得少，是为人处世的一种大智慧。

****

唐朝开国名将李靖，在战场上以奇、速、险著称，但生活中的他则老成持重，十分稳健，遇事总是三思而后行，不会轻易去做任何一件事。久而久之，他也养成了静思的好习惯，每当别人高谈阔论、夸夸其谈时，他却终日静思，不轻易发言。

在朝堂之上，当别人争论一件事时，他总是沉默不语。与宰相们议事时也多听少说，听到别人说的话后，先思考一下是

第十三章 谨言慎行，谦逊温恭

非由直，若赞同便不再发言；若不赞同，也只是善意地提醒几句，绝不多言。

李靖的这种处事方式让他在朝中很少树敌，唐太宗李世民也很欣赏他。他不喜与人争抢，可认准的事情却不会轻易改变。

在征讨突厥时，李靖得罪了御史大夫温彦博。当时李靖率军横扫漠北，大败突厥后，班师回朝。原本他应当被表彰和奖赏，可却被温彦博弹劾："李靖的军队军纪不严，从突厥缴获的珍宝悉数散落在乱兵之中了。"

李世民很生气，马上召见李靖，在朝堂上严厉地斥责了他。李靖不明就里，便只能叩头谢罪。他知道皇上震怒，贸然辩白也于事无补。他静静地等待着，打算等李世民息怒之后再做打算。

过了几天，李世民又召见李靖："隋朝大将史万岁击溃了达头可汗，非但没有因功受赏，反而被问罪杀害。寡人不会那么做，我会赦免你的罪过，记住你的功勋。"随后下旨授李靖为左光禄大夫，赏绢千匹，增封食邑共五百户。

又过了不久，李世民再次召见李靖，当面向他道歉："之前有人进谗言诬陷你，现在寡人已经知道了，希望你不要介怀。"少言寡语、谨慎行事的李靖，后半生一直平平安安。

✳✳✳✳✳✳✳✳✳✳✳✳✳✳✳✳✳✳✳✳✳✳✳✳✳✳✳✳✳✳

李靖常伴李世民左右，自然知道陪伴君主并不轻松，他采取的方式便是少言多做。纵然被人诬陷，但在皇上亲自查明之前，他也没有贸然为自己辩白，因为他知道在那种情况下，辩解只会"越描越黑"。与其如此，不如默不吭声。最后的事实也证明了他的判断，也凸显了他的智慧。

"口者关也，舌者兵也，出言不当，反自伤也。"说话若不谨慎小心，必然会让自己受伤。

·187·

古人在教导子女时也常把"言多必失"作为一个基本且重要的训诫，要求晚辈在说话时把握分寸和尺度，且对不熟悉、不了解的事情不随意发表意见和看法。

《高忠宪公家训》中云："人生丧家亡身，言语占了八分。"言辞不当、不慎，很可能造成家毁人亡的人间惨剧。

俗话说，聪明的人要有长的耳朵和短的嘴巴。意思便是要多倾听，少说话，因为少说便会少错。说得太多，总有失语之时，很容易会造成自己无法预知的后果。

因而，父母在家庭教育中要为子女指明方向，一是即使面对熟悉的人，也不要口无遮拦，二是不要做那种初到新环境，对各个方面都不了解、不熟悉便随意发表意见的人，那只会让人内心生厌，产生提防之心。试想，一个人对周遭并不了解却多言多语，难保不会言多语失，给人留下话柄。

《袁氏世范》中说，说话简短且少言寡语，对我而言能够减少因说话不得体而产生的悔恨；对别人而言，也能够减少对我的怨恨。沉默寡言的人看起来虽然略显沉闷，不够出众，可却能有效地避开很多"语言陷阱"，从而让自己始终停留在"社交安全区"。

当然，父母的教育和引导重在让子女拒绝做没有操守的人，并不意味着在人际交往中刻意闭口不言，只不过可以先从倾听开始，试着从他人的话语中找到闪光点，吸取他人的优点逐步完善自己。

2. 切勿背后道人长短

俗话说，打人不打脸，骂人不揭短。这句话充分地表明了给他人留有"颜面"的重要性。引申而言，即不能在背后道人长短。

父母要告诫子女，人生处处充满考验，背后道人长短的人，逞一时口舌之快，却不知道已经得罪了人。正所谓"隔墙有耳"，你觉得背着他人说几句闲话无伤大雅，可谁能保证听你抱怨的人不会把你的话传出去呢？

《曾国藩家书》中说，但凡敬畏他人、不轻易议论他人的人，都是谦虚谨慎的人；但凡喜欢讽刺批评他人缺点的人，则必然是骄傲的人。谚语说，富家子弟多骄，贵家子弟多傲。骄傲并不一定表现在一个人拥有精美的衣食，或者动手打人上。只要觉得自己实现了志向、心满意足，毫无畏惧之心和顾忌之念，随意开口议论他人的优缺点，便也算是骄傲的人。

****

汉武帝是个脾气不好的君主，且好大喜功，为此很多臣子慑于帝王的权威不得不当面奉承他、讨好他，可背地里却满腹牢骚、抱怨。在一众大臣中，汲黯却是个例外，他有什么意见时会当着汉武帝的面提出来，背后绝不会论及帝王的长短，也因此很受人尊敬。

当时的汲黯属于权臣，担任右内史，列于九卿。汉武帝有个习惯，便是把一些文学儒者召集起来，大谈仁义道德，很多

重家教 立家规 传家训 正家风

大臣都当面说汉武帝是仁义道德的典范，私底下却是另一片不和谐的声音。汲黯对汉武帝的这个习惯有些意见，所以每次都会当面指出来，背地里则没有任何议论之语。

一次朝会上，汲黯对汉武帝说："你内心有太多难以满足的欲望，但却总是把仁义道德挂在嘴边，这样怎么能像尧、舜、禹那样治理好国家呢？"汲黯的话让满朝文武一时间都为他捏了一把汗，但汉武帝什么也都没说。下朝后，汉武帝对身边人说："汲黯这种憨厚耿直的样子真是让我害怕啊！"

有人奉劝汲黯不能再这样，会让汉武帝丢失颜面，汲黯却说："天子让公卿大臣辅助他治理天下，难不成希望自己的臣子都是阿谀奉承、畏首畏尾之辈吗？倘若每个大臣都只会投其所好，不就把天子引向歧路了吗？我们这些人一定要尽忠职守，有什么想说的不妨当面说出来，只在私下里议论，天子怎么会知道？做臣子的都想着明哲保身，国家会变成什么样呢？"

✱✱✱✱✱✱✱✱✱✱✱✱✱✱✱✱✱✱✱✱✱✱✱✱✱✱✱✱✱✱✱✱

"静坐常思己过，闲谈莫论人非"，在家庭教育中，父母首先要以身作则，做到不背后议论他人，同时要教导子女做有德行的人，因为这样的人只会反思自己，不屑于谈论他人的是非、长短，会管住自己的嘴。

背后不论及他人长短，也是一种修养的体现。俗话说，谁人背后无人说，谁人背后不说人？每个人都有在背后谈论他人的经历，但智者止于是非，一旦触及他人的长短和原则性问题，真正有修养、有智慧的人绝不会信口开河。

有家教、懂礼数的人，不会在语言上争一时高低，反倒是那些品行不佳、无才无德的人，才会信口雌黄，到处搬弄是非、论人长短、自吹自擂，一副天底下他最厉害的样子。这类人只是善于攻击他人短处以凸显自己罢了，是实实在在的小人。

小人总有"一日不背后论人长短，便一日不得安生"的思想，他

· 190 ·

们也因此变得狂妄自大、目中无人，但到头来，他们除了满足了"口舌之快"，被人贴上"爱搬弄是非"的标签外，别无收获。所以，无论是父母对子女的教育，还是成年人的人际交往中，切勿背后道人长短，并要远离爱嚼舌根的人。

****

某公司部门经理袁某与一家外贸公司的经理顾某一直合作得很愉快，双方各取所需，各有所得。从某个层面来讲，外贸公司的顾某算得上是袁某的"财神爷"。

顾某为人正直，讲究原则，是个身体肥胖，看起来敦实可爱的人，但也因为过胖，身边不少人总喜欢拿他开玩笑，他对此总是一笑置之，并不理会。不过，最让他痛恨的是在他背后乱嚼舌根的人，那简直比"吞了苍蝇"还令人作呕。

这天，袁某又接到了一个大订单，便来找顾某合作。当时考虑到公司的情况，顾某并没有答应袁某的提议，即便袁某一再劝说扩大贸易范围的好处，顾某也没有松口。

袁某非常生气，等顾某离开，身影消失在走廊拐角处后，他便以轻蔑的口吻对与自己一起来的同事说："瞧瞧那个胖子，长得像一头肥猪一样，他要是走进电梯，非得让电梯往下掉三层不可，只有蚊子能侧着身挤进去！"

他刚说完，顾某便又折返回来，他忘记拿自己的公文包了，而他也听到了袁某发内心对自己的"评价"。袁某见状，马上笑嘻嘻地迎了上去，说了一大堆赔礼道歉的话。顾某没说什么，但此后便慢慢减少了与袁某的合作，到后来直接"拉黑"了这个人。这便是在人家背后道长短、嚼舌头的下场。

****

父母要让子女明白，喜欢背后论人长短的人"刻薄有余、精明不足"，他们的眼睛盯着别人的短板和缺陷，却又没勇气当面提出意见。

重家教 立家规 传家训 正家风

退一步讲，这类人只会摇唇鼓舌，擅生是非，除了会没遮没拦地评价他人之外，没有任何正知正见，是十足的庸人。

3. 慎言笃行，严谨为先

《澄怀园语》中说，任何事情都要谨慎保密，特别是涉及国家的事情更不要轻易向别人提起。西汉的孔光，他在与别人闲聊时都绝口不提长乐宫温室殿里种了哪些树，由此可见说话谨慎的重要性。

"谨言慎行"一词出自《礼记·缁衣》："君子道人以言而禁人以行，故言必虑其所终，而行必稽其所敝，则民谨于言而慎于行。"这段话是在告诫世人，说话要谨慎，做事要小心。这样的忠告无论古今，都很有意义。

在家庭教育中，父母要善于斧正子女的思想，教导他们在生活中和工作中绝不能做说话不经大脑、做事马马虎虎的人，凡事都要遵从严谨的原则。不严谨，就会有漏洞，就会给人留下把柄。而一个能做到谨言慎行的人，也常常是个三思而后行的人，知道在什么场合说什么话、怎么说，在什么场合做什么事、怎么做，不会贸然随性而为。

****

唐朝著名诗人孟浩然，很早就展现出了非凡的才华，可谓名动京城。而他本人也很想进入政坛，开创一番事业。

孟浩然与王维是好朋友，王维便利用自己的关系，在值班内署的时候把孟浩然带了进去。当时正好巧遇唐玄宗，唐玄宗也非常仰慕孟浩然的大名，当即便让他诵读几首诗作。孟浩然吟诵了一首《岁暮归南山》："北阙休上书，南山归敝庐，不才明主弃，多病故人疏。白发催年老，青阳逼岁除，永怀愁不寐，松月上窗虚。"

这本是一首好诗，抒发了个人心志，但诗中那句"不才明主弃"让唐玄宗十分不满。他对孟浩然说："你并非'不才'，我也并非什么'明主'，是你自己不来见我，我有嫌弃你吗？"

第二天，有人再次向唐玄宗推荐孟浩然时，唐玄宗心里依然过不去"不才"和"明主"的坎儿，便说："还是做个成人之美的君子，成全他的志向，让他'归南山'吧。"就这样，孟浩然因为一句不严谨的话触怒了皇上，终究没能步入政坛。

✱✱✱✱✱✱✱✱✱✱✱✱✱✱✱✱✱✱✱✱✱✱✱✱

在唐玄宗看来，孟浩然眼中的自己并非善于识人的伯乐，不然又怎么会"埋没"像他这样的人才呢？且不说孟浩然自身想法如何，但他的那句诗的确容易让人误解，所以后来孟浩然便归隐田园，过起了隐居的生活。

孟浩然的"不得志"，就在于他没有做到慎言，只一味地抒发个人心志，却有些不分对象和场合了。他的才华自不必说，可一个人在处事之时却不能单凭才华，认为只要有才华便能得到重用，这未免有"恃才傲物"之嫌。

父母要时时告诫子女做个慎言的人，不要因自己的一句话惹出麻烦、招致祸端。而与慎言相对的则是笃行，换句话说，一个人能控制自己的言辞，也就能规范自己的行为，不做有损公德、道义的事情。

✱✱✱✱✱✱✱✱✱✱✱✱✱✱✱✱✱✱✱✱

元代著名理学家、政治家、教育家、天文学家、思想家许衡，是一个自律、笃行的人。一年夏天，他和很多人一起逃难，在途经河阳时，因为一路跋涉，加上酷暑难当，大家都大汗淋漓，十分口渴。这时，有人发现路旁有一个高大的梨树，上面已是果实累累。于是，大家争先恐后地爬上树摘梨子吃，只有许衡一个人坐在树下歇脚，不为所动。

大家都很奇怪，询问他为什么不去摘梨子吃解渴，许衡回答："我怎么能摘别人的梨子呢？"询问他的人笑着说："现在正值乱世，人人自顾不暇，这棵梨树的主人恐怕也早就逃难去了，既然主人不在，你又为何介怀呢？"

许衡说："梨子的主人虽然不在，但我心里的主人也不在了吗？"最终他也没有摘梨子。

****

严于律己的许衡，以自律、笃行为自己的"主人"，一生严谨行事，这也是他日后获得成就的根本原因。

因而，在家风建设和家庭教育方面，父母要首先为子女做出表率，做个说话做事"言行一致"的人，绝不能自己食言而肥，却要求子女在言行举止上谨小慎微，这种缺乏说服力的家教也很难让子女信服，子女在为人处世的过程中也就很容易会失去依循和原则。

此外，父母在发挥出榜样的力量之余，也要善于培养子女的自律意识，促使他们在没有外力约束的情况下仍然能把握自己、控制自己，不越界、不踩线，不凭借个人喜好行事。

4. 谦虚恭顺，戒骄戒躁

《圣谕广训》中云："《书》曰：'谦受益，满招损。'古语又曰：'终身让路，不枉百步；终身让畔，不失一段。'"谦虚是一个人获得成就的前提，我们在幼时乃至于长大成人之后，也常被父母长辈教导要谦虚，不能骄傲，而后我们自己在人际交往中也会发现，与谦虚恭顺的人相处，总会让人心生愉悦，与他们沟通也会更加顺畅；相反，与骄躁、傲慢的人交往则会心生抵触心理，沟通起来也不会顺畅，让人想尽快远离。

既然与谦虚的人交往令人愉快，那么在家庭教育中，父母就应把谦虚作为一门"功课"，让子女勤加修习，并慢慢地让子女具备这种品质。同时，更要让他们明白，谦虚并不是"虚伪"和"懦弱"，很多谦虚的人只是刻意隐藏自己的才能罢了。谦虚的人都有"挫其锐，解其纷，和其光，同其尘"的心境，为人处世低调内敛，谨言慎行，却始终没有骄纵之气。

✳✳✳✳✳✳✳✳✳✳✳✳✳✳✳✳✳✳✳✳✳✳✳✳✳✳✳

明清时期的大学者、思想家顾炎武，学识渊博，为人谦逊恭顺，他常常向别人检讨自己，从而发现自己的不足之处。他说，在探究自然与人世，具备锲而不舍精神层面，我比不上王锡阐；在苦读研学，增长才能并可以深入探讨深奥问题、洞察细微层面，我比不上杨雪臣；在专门研究儒家三《礼》，成为一代具有独到、高超见解的经师方面，我比不上张尔岐；在沉着冷静，于百家学说之外独立思考，以求得更深层次见地方面，我比不上傅山；在十分艰苦的条件下，仍能独立研读、无师自通方面，我比不上李容；历经千辛万苦，克服重重困难，并能适应环境方面，我比不上路安卿；在博古通今方面，我比不上吴任臣；在文章可以给予他人一定的指正，且文雅和善方面，我比不上朱尊；在孜孜不倦且又忠诚于友人方面，我比不上王宏。

谦卑的顾炎武，总是能够看到自己与他人的差距，始终虚怀若谷，毫无骄傲自满之气。

****

真正优秀的人，都是谦虚恭顺的人，他们永远不会告诉你他们有多努力，背后付出了多少艰辛。他们在说话做事上低调内敛，表现得十分谦卑，甚至生怕别人说出太多赞誉之词。他们总是处在冷静的状态中，并主动让自己时刻保持清醒的头脑。他们身上都有一份"进可攻、退可守"的从容，看起来十分普通，实则高深莫测。

王阳明在《书正宪扇》中说，现在很多人都有骄傲的毛病，很多罪恶都是因为骄傲产生的。一个人一旦骄傲了，便会不自觉地抬高自己，觉得自己做什么都对，不愿意向别人低头认错。因此，做儿子的骄傲，就不会孝顺父母；做弟弟的骄傲，就不会敬爱兄长；做臣子的骄傲，也就不可能忠于君王。

古人云，惟谦受福。谦虚不骄傲的人才会得到满足，才会得到真正的幸福。

在家庭教育中，父母必须灌输给子女积极正向的观念，告诉他们谦卑是一种人生态度、人生境界，会彰显一个人的格局和眼界，让他们不要自视甚高、盲目自大，与人交往也始终秉持敬人一尺、让人一步的原则。常言道，水低为海，人低为王。一个人越谦卑，就会越高贵，也就越会令人尊敬。

第十三章 谨言慎行，谦逊温恭

5. 不争不抢，心淡如水

《陈宏谋家书》中云："王府坪房屋想已完工，墙基不必求多，能如前约可矣。所争几寸亦不必较，终身让到底，所亏亦有限。"这段话道出了陈宏谋告诫子孙不争不抢，谦让到底的含义。"终身让到底，所亏亦有限"，一辈子都谦让，能吃的亏也是有限的，这是一种难得的人生至高之境。

谦让，是人与人之间最基本的礼节。在人际交往中，你来我往，相互谦让，所有关系都会变得和谐通畅。《菜根谭》中说："路窄处，留一步让人行；滋味浓，减三分让人食。此是涉世一极乐法。"世界上没有十全十美的人，也没有一帆风顺的事，没人能尽得好处，凡事留有余地，做好让步的准备，是心智远大、气度宏阔的体现，于人于己都会有言之不尽的益处。

每个父母都希望子女豁达处世、出人头地，但在家庭教育中却不必引导子女凡事都去争抢，相反要告诫他们若想成为一名真正的强者，就必须学会如何谦让。

《道德经》中云："水利万物而不争，处众人之所恶，故几于道。"看起来柔软无力的水，实际上是最刚强、最有力的，正所谓"滴水穿石"，说的便是这个道理。水不与万物争抢，所以万物也难以与之争抢。

在家庭教育中，父母应有意识引导子女不争不抢，处处谦让，这并不意味着一个人软弱无力，恰恰相反，这正能体现一个人内心的强大与自信。

✳✳✳✳✳✳✳✳✳✳✳✳✳✳✳✳✳✳✳✳✳✳✳✳✳

春秋时期，晋国大夫范武子教子严格，尤其重视培养晚辈不争不抢、谦让低调的品格。他的儿子范文子也是晋国大夫，一次，范文子很晚才退朝回家，当时已经退休的范武子便问儿子为什么回来这么晚。

范文子回答："秦国的一名使者在朝堂上出了一个谜语，满朝大夫都答不上来，我知道其中的三条，当场说了出来，所以才回来晚了。"范文子在回答时显得十分得意。

听儿子这么一说，范武子当场震怒，责骂道："你小小年纪，居然学会在朝堂之上争强好胜！大夫们并不是答不上，而是在谦让长辈和父兄，可你却三次盖过人家！倘若不是我在晋国，人家顾及我的颜面，你早就惹祸了！"说完，怒气冲冲的范武子抬起手杖去打儿子，直接将儿子帽冠上的簪子打掉了。

范文子见父亲这般震怒，又想了想父亲的话，不禁内心惭愧，此后便牢牢地记住了父亲的话。

后来，晋国与齐国交锋，范文子便随同主帅奔赴战场，最后晋国大胜，班师回朝，范文子是最后才进城的。

回到家中，范武子对他说："儿啊，我今天一直盼着你早点回来，可是你怎么走在最后面啊？"

范文子扶着年迈的父亲，说道："在主帅的指挥下，晋军才能打胜仗。如果我率先进城，国人就会把注意力集中在我身上，认为我是大功臣，儿子是绝不敢那样做的。"

范武子听儿子这么说，不禁十分欣慰："你懂得了谦让，看来可以避免祸端了。"范文子的儿子范宣子也继承了范家谦让不争的家风。在中将军荀䓨死后，作为中军佐的他原本可以坐在他的位置上，可他认为比他年长的上将军荀偃更有经验，比他更适合，所以便主动让位。

※※※※※※※※※※※※※※※※※※※※※※※※※

好的家风无疑是值得传承的，也会让子孙后代获益良多。谦逊礼让的家风，使得范文子真正懂得了强者都是处处不争、处处谦让的，知道谦让是安身立命的行为，明白独自享受荣誉不如与他人分享更有意义的道理。因而他学会并保持着谦虚的态度，不争不抢，既能体现出自己独特的魅力，也会让人更愿意接近。

父母在家风建设和家教中，要教导子女恪守谦虚之道，告诫他们一个人站得越高，越应该放宽心态去对待这个世界，平和地面对自己所得到的一切，要让自己沉淀下来，心态沉静下来，处处谨慎，不去争抢。

《孔子家语·弟子行》中云："美功不伐，贵位不善。"有大功而不自夸，居高位而不自喜是一种超然于世的心境，一个人若能做到心如止水，就不会整天想着如何获得更多的好处，便能避免很多与他人之间必然产生的无畏争端。

谦让不争的人，也就自然不会触及他人的利益。在成年人的世界里，利益的多寡常常决定了一个人心态的走向。当触及他人利益，不管原本彼此的关系如何，都有可能因此发生转变。所以，当这种威胁在不争不抢的思想下消失了，原本的关系自然更稳固、牢靠、和谐了。

第十四章

尊师重教,择善而友

父母要教育子女尊师重教,择善而友,因为师者可以为我们拨开迷雾、指点迷津,是我们人生路上最重要的领航员;益友则是与我们同行的伙伴,会在我们迷茫、失落时施以援手。人生之中能够遇到良师益友,无疑是三生有幸的事情。

1. 与良师益友为伴

《禅林宝训》中云："学者求友，须是可为师者，时中长怀尊敬，作事取法，期有所益。或智识差胜于我，亦可相从，警所未逮。万一与我相似，则不如无也。"父母要教导子女，结交朋友，一定要选择可以做自己老师的人，每天心怀敬畏，在为人处世上处处以他为榜样，期待自己能够进步。

良师益友是人生最宝贵的财富，与这样的人为伍，自己的德行、修为都将大有长进。古人早已认识到社会环境、友人品行对一个人成长的重要性，所以在教导子女、树立家风方面也非常推崇晚辈要"择善而交"，并希望他们在学习上和朋友往来上可以与贤达之人为伍、与智慧之人同行。

****

东晋著名书法家王羲之，年少时最初跟着叔父王廙学写字，但没过多久，叔父去往荆州做官。王廙很喜欢聪明伶俐的王羲之，所以在赴任之前，与王羲之的父亲经过一番商量，决定让他向卫夫人学习。

卫夫人是西晋大书法家卫瓘的侄女。卫氏家族几代人都是书法家，卫夫人自幼便向蔡邕的女儿蔡琰学习书法，之后又跟着叔父学习钟繇的楷书，毫不夸张地说，她已经领略到了楷书的真正奥妙。

王羲之来见卫夫人，卫夫人看他长得眉清目秀、举止得体，对他的印象很好。当时的卫夫人已经年过五十，但身体硬朗，给人一种亲切感，王羲之也毫无拘束之感。卫夫人先看了王羲之带去的书法作业，又问了他关于书法写作中的一些问题，之后把他带进书房，给他看自己临写的钟繇的楷书和隶书，并让他说说二者的不同。

王羲之说："楷书与隶书相比，形体更为方正，笔画平直，对吗？"卫夫人一听，不禁连连称赞。

聪颖好学的王羲之跟随卫夫人学习书法，在书法和做人上都有很大的长进。卫夫人不但书法修为精深，还是个教育家。她根据学习书法的体会和前人的经验，总结出一套育人之法，并施用在了王羲之身上。就这样，王羲之不仅跟卫夫人学到书法的各种技巧，还获得了为人处世方面的指导。

历经多年的勤学苦练、潜心学习，王羲之在运笔上了有了极大的长进，在青年时代就成了著名的书法家。

※※※※※※※※※※※※※※※※※※※※※※※※※

卫夫人无疑是王羲之的良师益友，从这个角度看，良师益友无关年龄、性别，只要能够让自己有所收获，在心性上得到提升，便可为师为友。

人的一生之中，能够遇到良师益友是一大幸事。良师益友也可以分开而论，良师会为你指明方向，让你少走弯路；益友则是那些与你志趣相投，愿意与你结伴同行，并能够在你或迷茫或无助时给予你勇气和力量，让你重拾信心的人。

韩愈的《师说》中云："师者，所以传道受业解惑也。"真正可以为人师的人，并不是简单的教书匠，还承担着教导学生知道为人处世的道理和培养学生具备主动学习的品质的责任。有道是"教书育人"，在教授知识的同时也要育人。与这样的良师益友为伍，人生自然大有收获。

在家庭教育中，父母要适当地"干涉"子女交友的对象，虽说每个人都有不同的成长轨迹，父母不应过多涉足子女的私事，但没有严格的把关，子女很容易交上恶友，误入歧途。因而，督促和告诫是必要的，也是重要的。

除此之外，父母还要引导子女在与朋友相处多留心友人身上的闪光点，这些闪光点正是他们超出别人的地方，也是值得学习的地方。

✳✳✳✳✳✳✳✳✳✳✳✳✳✳✳✳✳✳✳✳✳✳✳✳✳✳✳

南宋时期的哲学家吕祖谦，是一个谦虚谨慎，以优者为师的人。他出身于官僚家庭，祖父曾做过尚书右丞，所以他有着良好的家庭教育。吕家藏书丰富，吕祖谦自小便熟读历代经典名作。

他在钻研学问上孜孜以求，从不满足，无论走到哪里，只要听说谁的文章出众，他一定要与之相见、交谈，学习对方的优点，弥补自身短板。当时著名的理学家朱熹是他的好友，同时也是他的"老师"，他很虚心地向朱熹请教。

由于博闻强记，以优为师，后来吕祖谦考中进士，后又考上博学鸿词科，成为博士兼国史院编修。当时在任官吏每年都要考核，很多人四处打探摸底，生怕考核不过，但吕祖谦却胸有成竹，每次考试都独占鳌头。

身居高位的吕祖谦学识渊博，可依然坚守以优为师的原则，时常与人交流切磋。当时陆九渊是后起之秀，他便找来对方的文章拜读，读过之后发现果然精妙，于是和对方结为忘年之交。

✳✳✳✳✳✳✳✳✳✳✳✳✳✳✳✳✳✳✳✳✳✳✳✳✳✳✳

《袁氏世范》中说，虽然人的本性和行为都有缺陷，但也必然有其优点。因此父母要时常告诫子女，与他人交往时，若总是盯着他人的缺点，看不到他人的优点，在短时间内是很难与之相处的。反过来说，若总是能发现对方的优点，眼睛不盯着对方的缺点，那么做一辈子朋友都可以。

在家庭教育中，父母也要通过各种古代故事或身边实例让子女明白，每个人身上都有长处和短板，与人交往时应多看长处，少看不足，这样才能获得更多、更长久的友谊。而多看他人的长处和优势，也会让自己有更多元的自我提升渠道，避免坐井观天、一叶障目。

2. 以有德者为师

教师为教育之本，而师德则是教师之本。为人师者首先要有师德、师风，除了能够教授学生技巧、方法，自身也应有更高的文化修养，真正可以做到为人师表。

"师者，人之模范也。"为人师者，应当以德为先，以行为范。师德败坏者无疑会误人子弟，对学生的身心带去极大的危害。而从家庭的角度看，为人父母者也要擦亮双眼，为子女选择有德之师。

****

春秋时期鲁国贵族孟僖子，在陪同鲁昭公出使楚国时，因为不会相礼而心生惭愧。他在临终之际，把家臣叫到身边说："做人应以遵从礼仪为本，一个人若不懂礼，就难以自立。我们鲁国有一位通达事理、品行高尚的人，名叫孔丘。他是圣人的后代，他的祖先是宋国贵族，十世祖弗父何本可以继承宋国国君之位，但他却让位给弟弟鲋祀，自己甘愿做公卿。他的七世祖正考父曾经接连辅佐宋戴公、宋武公和宋宣公三位君主，也做到了上卿的官职。不过官位越高，正考父也越发谦恭。他的鼎铭上说：'第一次接受册封时身体前倾，第二次则弯腰鞠躬，第三次更是俯身如弓。顺着墙根小步快走，也没人敢欺辱我。用这个大鼎煮米、熬粥，以此糊口度日。'他是如此的恭敬。臧孙纥曾说：'圣人的后代，就算做不了国君，也肯定会是通达事理、明德辨义的人。'这句话应该会在孔丘身上应验吧！我死之后，一定要把两个儿子交由孔丘教导，让他们侍奉他，勤学礼仪，以让他们的地位更加稳固。"

后来，孟僖子的两个儿子孟懿子和南宫敬叔都拜孔子为师，恭敬地侍奉。

****

有德行的老师，对于学生的教导绝不仅限于书本知识的传授，更重要的是可以教导他们为人处世应该谨守的礼仪、奉行的准则，做到不越礼、不逾矩。

在家庭教育中，父母首先是孩子的第一教师，在家教时也应当以让孩子立德、养德、树德为根本，先学会做人立志，再去学习具体的知识技能。若父母有幸怀有这样的思想，也必然会在孩子走进社会时，为其甄选良师、贤师、德师。

同时，以有德者为师并不局限于校园，任何对子女的品格有积极影响的人，都应该多加亲近，这个群体可能是亲属、好友或者同事，总之凡是有德行的人都可以为师。

董仲舒在《春秋繁露·玉怀》中云："善为师者，既美其道，有慎其行。"意思是说，真正可以为人师者，既有高尚的品德，也会有合乎礼仪的行为，他们会修其身、慎其行。

一个人怀有仁德之心，会散发出博大的魅力，他也会吸引更多拥有美好品德的人，与之为伍者也尽是谦谦君子。能够以这样的人为师，又怎么会教导不好子孙呢？所以，在家庭教育中，父母首先要以身作则，努力向贤德的目标靠拢，当作为孩子第一任教师的父母是有德行的，愿意与之交往的也自然都是仁义之辈,孩子在这种环境下耳濡目染,会不知不觉地培植出高尚的道德情操和健康的生活情趣。从这个角度看,父母在家教中必须严于律己,规范自己的言行,这是从根本上为孩子觅得有德之师的必要前提。

《说苑·杂言》中云:"与善人居,如入兰芷之室,久而不闻其香,则与之化矣;与恶人居,如入鲍鱼之肆,久而不闻其臭,亦与之化矣。"身处在有德的环境中,即便尚不能成大德之人,也多半不会变成大奸大恶之徒;而处在无德的环境中,则很有可能成为庸俗无能之辈。

3. 拜师以严,终身受益

古人云,严师出高徒。做老师的不严厉,也就很难教导出出类拔萃的学生。在知识传授和人格修养上,为师者越严厉,学生也就懂得越透彻。教之以严,才能激发出学生的潜能,他们在做学问上才能全神贯注、一心一意。

人生之中若能遇到一位严师,无疑是一种福气。严师教之以严,是为了督促一个人在他身处的领域内精耕细作,且不沾染不良习气,远离声色犬马,杜绝好逸恶劳,把所有的心神都用来提升自我、完善自我,所以父母应有意识地为子女选择严师。

我们都知道"纪昌学射"的故事,纪昌拜飞卫为师,飞卫对纪昌十分严格,要求他必须苦下功夫才能学到真本领。从这个故事中,一方面能看出纪昌在学习上持之以恒的精神,另一方面则体现出了飞卫的严苛——为纪昌制定了常人几乎不能完成的训练,后来纪昌也因此成了一名出色的射箭能手。

父母要让子女正确看待严师，因为严师不但会让他们学到更多的知识和技巧，也会对他们的言行修为等有必要的约束和限制，以敦促他们成长为既有才能又有德行的人。

✳✳✳✳✳✳✳✳✳✳✳✳✳✳✳✳✳✳✳✳✳✳✳✳✳

太平兴国八年，大臣姚坦奉宋太宗之命，担任五皇子益王赵元杰的老师。益王年少轻狂，喜好玩乐，有一次竟一下子消耗百万资财，在府中修建了一座假山，修建好之后，他便与很多王公贵族和幕僚饮酒作乐，欣赏假山。唯独姚坦低头不语，从没看过假山一眼。

益王好奇，便问姚坦原因，姚坦说："这根本不是假山，而是一座血山啊！"益王一听，不由得一惊，问姚坦为什么这样说，姚坦回答："我曾经看到周官县官向老百姓征税，把一家人都带去了县衙，用皮鞭打得满身是血。这座假山就是用征收来的赋税修建而成的，还能说不是血山吗？"

当时，宋太宗也正在修建一座假山，听闻这件事后便命人拆掉了修完的部分。每当益王有过失的时候，姚坦都会直接指出，不会因顾忌益王的身份地位而缄口不言，这让益王十分反感。益王身边的人便给他出主意，让他以生病为由不上早朝。

宋太宗很担忧益王的身体，把益王的乳母叫来询问。乳母便说："益王原本没有病，都怪姚坦太过严厉了，让益王做什么事情都畏手畏脚，所以才因为苦闷生了病。"

宋太宗一听，当即怒斥乳母："寡人为益王选择良师，就是希望益王修炼自己的品行，可他却拒不接受老师的教诲，还装病不上朝，意图以此赶走正直不阿的老师，以便随心所欲，我绝不允许！更何况益王年纪轻轻，一定是你们这些人教他这样做的！"说着，让叫人把乳母带下去打了几十杖。而后召见姚坦，对他说："你在府内始终如一，坚守正道，所以才招致小人妒忌，真是不容易呀！但只要你坚持正理，就无须担心小人从中作梗，我也不会听信那些流言。"

✳✳✳✳✳✳✳✳✳✳✳✳✳✳✳✳✳✳✳✳✳✳✳✳✳✳✳✳✳

严师，顾名思义，便是要求严格的老师。由于严厉，所以与学生之间很容易产生不可避免的"摩擦"，这种摩擦多半来自学生——他们会因为老师过于严厉而心生排斥，于是会想方设法远离严师，避免与严师打交道。

从严师的角度讲，他们的所行所为都忠诚于那颗负责、正直、无畏的本心。所以，父母要多开导子女，告诉他们老师的"严"是出于客观公正、负责到底，没有任何针对的成分。那些刻意远离严师的人，恐怕只是自己"心中有鬼"罢了。

就像上文案例中的益王，他之所以觉得处处被姚坦管教，并不是姚坦刻意与他为敌，跟他过不去，只是他的所作所为有悖常理，损德坏名，若不加以制止，必然伤人伤己。

为人父母者为子女选择严师的意义也正在于此，真正的严师不会为了迎合任何人而违背初心，一切都只会遵照心中的标准行事，对待教导对象也会一如既往，教之以严。

4. 慧眼识人，远离损友

在人际交往中，益友总能直接指出自己的过错，且为人忠诚守信、敦厚踏实，损友则轻薄无礼、谄媚逢迎，与这样的人交往，是有损自己品行的。

家 重家教 立家规 传家训 正家风

  我们从小从父母长辈那里获得的训导便是：与老实、成熟、忠厚、上进的人结交，自己也会慢慢变成好人，不会堕入不入流的群体之中。长大成人后，我们也应该秉承这样的家教，正所谓"谈笑有鸿儒，往来无白丁"，借由家风家训的影响，我们必须练就识人、辨人的技巧，看透那些善于伪装的人的本质。

****

  唐代大臣吕元膺，官至吏部侍郎，他很看重对子侄晚辈们的教育，临终之前对他们说："你们在交友上务必要慎之又慎。我在做东都留守时，一次与一位朋友下棋，在这期间需要我批阅的文件慢慢地增多，我便停下来开始批阅。这位朋友以为我顾不上下棋了，便趁我不备偷换了一步棋让自己获胜。这本是一件微不足道的小事，没什么值得介怀的，可我却有点害怕这种人的心机，所以借口有事让他离开了。我有好几次都想说这件事，但唯恐影响那位朋友，可要是把这件事一直埋在心里，又怕你们日后会在交友这件事上栽跟头，所以直到今天才告诉你们，希望你们能引以为戒。"

****

  "益友百人少，损友一人多"，有智慧的人都懂得趋吉避凶的道理，在交友上也会严格恪守底线，绝不让损友踏进自己设定的界限之内。他们清楚损友的危害，那不但会给自己带来不良的生活体验，还可能导致个人的身心，甚至家庭都将一并被侵蚀。

  父母在子女交友上要擦亮双眼，及时叫停"毒友谊"。父母要多给子女灌输益友、善友观念，教导他们在择友时务必擦亮双眼，要看重对方的品行和思想，这样才能获得真正的友谊。

  而损友总会在潜移默化之中对子女的道德品行产生负面影响，作为当局者的他们也极难辨清是非黑白，久而久之，也会沦为那一类在为人处世上有悖于圣贤之道的人。

第十四章　尊师重教，择善而友

※※※※※※※※※※※※※※※※※※※※※※※※

霍某是一名品学兼优的大学生，即将毕业，目前在一家广告公司实习，虽然实习工资少，但老板很器重他，大有留在公司的可能，日后有很大的发展空间。刘某是霍某在一起校外认识的朋友，当时两人聊得很投机，没过多久，他们就成了亲密无间的好朋友。

刘某是社会闲散人员，无业游民，每天只会四处闲逛，干些"偷鸡摸狗"的事情。这天，刘某找到霍某，说他可以通过朋友"赚快钱"。霍某当时正想着什么时候能攒够钱买一台新款笔记本电脑，而要强的他又不愿意伸手向家人要求，所以便来了兴趣。

通过刘某的一番介绍，霍某知道自己只需要提供个人名下银行卡，就能定期"收息"，这是"无本买卖"，而且利息可观。起初霍某也犹豫了一番，因为他早就在网上看到过一些相似的"诈骗"手法。不过想着霍某是自己朋友，加之霍某一再拍胸脯保证不会出问题，所以他便答应了。

几天后，刘某得到了第一笔"利息"，这远比他的实习工资高，后来他又接连几次通过这种方式赚到了钱，买笔记本电脑已经绰绰有余。正当他准备收手撤出时，霍某告知他公安机关正在调查，他们得"躲一躲"。

然而，天网恢恢，疏而不漏，"潜逃"的两个人在途中便被扣下，最终被以电信诈骗罪判刑。因误交损友，霍某亲手断送了自己的大好前程。

※※※※※※※※※※※※※※※※※※※※※※※※

与益友交，终身受益；与损友交，祸事立显。损友会把自己的缺陷一点点渗透给你，去影响你、限制你，甚至控制你，改变你的世界观、人生观、价值观，让你对正知正见产生怀疑，乃至于抗拒，届时你便真

· 211 ·

正成了他们那类人。

基于此，父母就要在家庭教育中为子女制定恰当的交友原则，教会子女如何辨别什么样的人是益友，什么样的人是损友，从而让他们自觉地净化自己的交际圈，如此便能自然而然地"屏蔽"损友了。

5. 正心为本，交友以"真善"为先

诸葛亮的《出师表》中云："侍中、侍郎郭攸之、费祎、董允等，此皆良实，志虑忠纯，是以先帝简拔以遗陛下。""此皆良实，志虑忠纯"，说的是这几个人品行纯正、德行高尚，有才能又实在，并且忠贞不贰，可以更好地为汉室尽忠。由此引申而言，父母也要在日常生活中引导子女广结"良实"，以一颗正心与益友相交。

《何氏家训》中云："与贤于己者处，常自以为不足则日益；与不如己者处，常自以为有余则日损。"父母要告诫子女在与他人交往的过程中，多去看别人的长处，发现自己的不足，这样才有利于进步，否则容易骄傲自满。同时更要让子女多与谦虚谨慎、真正值得交托个人情感的人相处。

✱✱✱✱✱✱✱✱✱✱✱✱✱✱✱✱✱✱✱✱✱✱✱

侨乡泉州附近有一个叫刘益三的商人，他每年年初都会去南洋经商，年底返回家中。这一年，逢上生意不景气，没带回多少钱，加上母亲去世办葬礼，很快钱就用完了。年初时，他又得远赴南洋经商，但此时没了盘缠，家里还有妻子和妹妹，怎么办呢？

第十四章 尊师重教，择善而友

　　左思右想，刘益三决定找好友方魁帮忙。方魁是个手艺人，擅长弹棉被。他请托好友每天给自己的妻子和妹妹送去两百个铜钱，他年底回来后会如数归还。方魁二话不说便答应了。

　　刘益三走后，方魁按照之前的约定，每天给他的妻子和妹妹送去两百个铜钱。姑嫂二人每天都有钱花，生活过得十分惬意。很快，她们觉得待在家里太无聊，便开始与一些富裕之家的妇人越走越近，不是逛庙会、看戏曲，就是约上几个人一起游山玩水。没过多长时间，两人便沾染上了奢靡的生活习气。

　　姑嫂二人的所作所为被方魁看得一清二楚，他想，刘兄的母亲去世了，家里没了长辈，年轻人便会肆无忌惮，缺乏自我约束。因而，从第二个月开始，他每天少送五十个铜钱，只送去一百五十个。

　　区区五十个铜钱对姑嫂二人来说算不得什么，她们并不放在心上，每天依旧打扮得花枝招展，而后去富人家里打牌取乐。又过了几天，方魁又少送五十个铜钱，再然后只送去五十个铜钱，最后他对姑嫂二人说："生意不景气，我已经自顾不暇，没有能力帮助你们了。"打那以后，方魁再也没送过钱。

　　姑嫂二人背地里不住地埋怨方魁做人不厚道，有始无终，可她们眼下都快食不果腹了，也只能在心里咒骂他。

　　没过多久，姑嫂俩便把家里值钱的东西全部典当了，接着开始东挪西借，直到无处可借为止。

　　这一天，她们正在大厅里长吁短叹，突然看到一位白胡子、白头发的老者走了进来。老者径直走到她们面前，笑着问道："我每天都从你们家门前经过，看你们好像心事重重的样子，为什么会这样啊？是不是日子过不下去了？要是这样的话，我有个好办法，可以让你们既有饭吃，又有钱花。"

　　姑嫂二人一听，顿时眼前一亮，便询问有什么办法。老者

· 213 ·

说：“我现在需要很多纱，假如你们愿意为我工作，纺一两纱就给你们是个铜钱。"两人马上答应了。就这样，她们开始为老者纺纱。

　　起初，从未做过这种活计的她们纺得很慢，但熟能生巧，很快她们就变得灵巧了，从最开始只能赚几十个铜钱，到后来每天能赚到两百个铜钱。慢慢地，她们的生活也有了起色，不但收入有保障，还有余钱添置衣物，但有一样始终没变——她们恨透了方魁。

　　这一年年底，刘益三满载而归，回到家看到妻子和妹妹过得很惬意，便打算重谢好友方魁。不过一提到方魁，姑嫂俩却破口大骂，接着把事情一五一十地告诉了刘益三。刘益三听完后怒火中烧，当即表示再也不与方魁来往。

　　方魁得知刘益三回来后，先后三次请他过去详谈，但都遭到拒绝，只是托人把方魁的钱送了过去。

　　方魁无奈，便在刘益三去街上的必经之路等他，总算见到了他。刘益三怒目圆睁，瞪着方魁，方魁客气地上前打招呼，并做了一番解释。原来，这一切都是方魁"安排"的。他故意不给姑嫂二人送钱，是不想让她们深陷于声色犬马之中，而那位老者也是他让岳父假扮的，纺纱的机器和钱都是他出的。

　　刘益三听方魁说完前因后果，当即感动得泪流满面，马上躬身施礼，向方魁赔礼道歉，并说："方兄真是我的善友啊！"

****

　　朋友也包含在五伦关系之中，且是非常重要的一个方面。人的一生之中，不管学业上、生活上还是工作上都离不开朋友的帮助甚至教导。一个真正的朋友总会站在道义的立场去想、去做，就像故事中的方魁，他本可以履行对友人的承诺，但一年之后，友人的妻子和妹妹会变成什么样呢？在无数个未知结局中，一定没有哪个会如现在这般皆大欢喜。真友、善友是人生之中最难得、最宝贵的财富。